思維遊戲大挑戰

新雅文化事業有限公司
www.sunya.com.hk

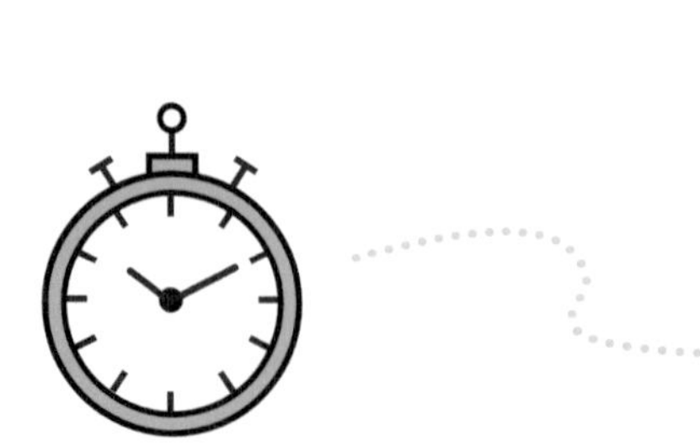

思維遊戲大挑戰
大腦啟動！聰明孩子喜歡的數學謎題（初小篇）

作　　者：杜佩華
插　　圖：Yedda Cheng
責任編輯：林沛暘
美術設計：鄭雅玲
出　　版：新雅文化事業有限公司
香港英皇道 499 號北角工業大廈 18 樓
電話：(852) 2138 7998
傳真：(852) 2597 4003
網址：http://www.sunya.com.hk
電郵：marketing@sunya.com.hk
發　　行：香港聯合書刊物流有限公司
香港荃灣德士古道 220-248 號荃灣工業中心 16 樓
電話：(852) 2150 2100
傳真：(852) 2407 3062
電郵：info@suplogistics.com.hk
印　　刷：中華商務彩色印刷有限公司
香港新界大埔汀麗路 36 號
版　　次：二〇一九年十月初版
二〇二四年四月第三次印刷

ISBN: 978-962-08-7375-1

18/F, North Point Industrial Building, 499 King's Road, Hong Kong
Published and Hong Kong SAR, China
Printed in China

目錄

大腦的使用方法

大腦跟你的身體一樣，也需要不斷鍛鍊，才能保持腦筋靈活。本書為初小學生設計 100 道富挑戰的數學謎題，題型千變萬化，能讓你挑戰腦筋極限！

不過一下子做太複雜的數學謎題實在耗損大腦，建議先完成本書第 5 至 6 頁的 對稱繪畫 和 記憶訓練 兩個活動，讓大腦熱熱身。

大腦啟動

- 若大腦已有充分準備，便可挑戰 大腦啟動 的數學謎題。
- 謎題按難度指數分為 5 級，獲得 5 顆 表示難度最高。
- 20 標示出完成謎題的時限，建議答題時使用秒錶計時，挑戰自我。
- 作答時除了要看圖外，還要仔細閱讀 ?? 內的問題。
- 完成題目後請核對答案，若不懂怎樣做，可看看答案頁上的 +− ÷× 大腦筆記 幫助思考。

腦力遊戲棋

- 這本書既可讓你獨自享受解開數學謎題的樂趣，也可讓你與眾同樂！
- 你最多可邀請 3 個朋友與你一起玩 腦力遊戲棋 ，互相對決，看看誰擁有最聰明的數學腦。

對稱繪畫

工具：兩枝筆

什麼是「對稱」？那就好像把一個圖形分成一半，其中一半跟另一半在鏡中的樣子一模一樣。右面就是對稱的例子！

現在請你左右手分別同時拿起一枝筆，然後嘗試在下方隨意畫一些對稱的線條或圖形。起初可能畫得不太順暢，但你的大腦會漸漸適應，越畫越好呢！

這活動能讓身體和大腦互相協調，使你的手、眼和大腦更加靈活！

記憶訓練

工具：秒錶

請翻到這本書第 17 頁，然後用秒錶計時 20 秒，同時盡力記憶這一頁的內容。時間到了，請回答以下問題。

2 克的砝碼是什麼顏色？

請翻到這本書第 56 頁，然後用秒錶計時 30 秒，同時盡力記憶這一頁的內容。時間到了，請回答以下問題。

請說出任何 5 個荷葉上寫着的數字。

請翻到這本書第 70 頁，然後用秒錶計時 10 秒，同時盡力記憶這一頁的內容。時間到了，請回答以下問題。

橙色時鐘的分針指着什麼數字？

請翻到這本書第 87 頁，然後用秒錶計時 10 秒，同時盡力記憶這一頁的內容。時間到了，請回答以下問題。

哪幾個數字的顏色是綠色？

請翻到這本書第 98 頁，然後用秒錶計時 20 秒，同時盡力記憶這一頁的內容。時間到了，請回答以下問題。

這一頁共有多少張卡是翻轉了的？

這活動能提升你的觀察力、集中力，
更會讓你的腦袋更靈光！

答案：1. 紅色　2. 見第56頁　3. 6　4. 1、2、4、7　5. 9張

大腦啟動！
100道數學謎題

一枝蠟燭 5 分鐘燒完。

要把 10 枝這樣的蠟燭燒完，最快需要多少分鐘？

2　難度指數：　限時：20 秒

有兩隻小龜以不同路線從 X 點前往 Y 點，如下圖所示。小龜 A 沿藍色路線，小龜 B 沿綠色路線。

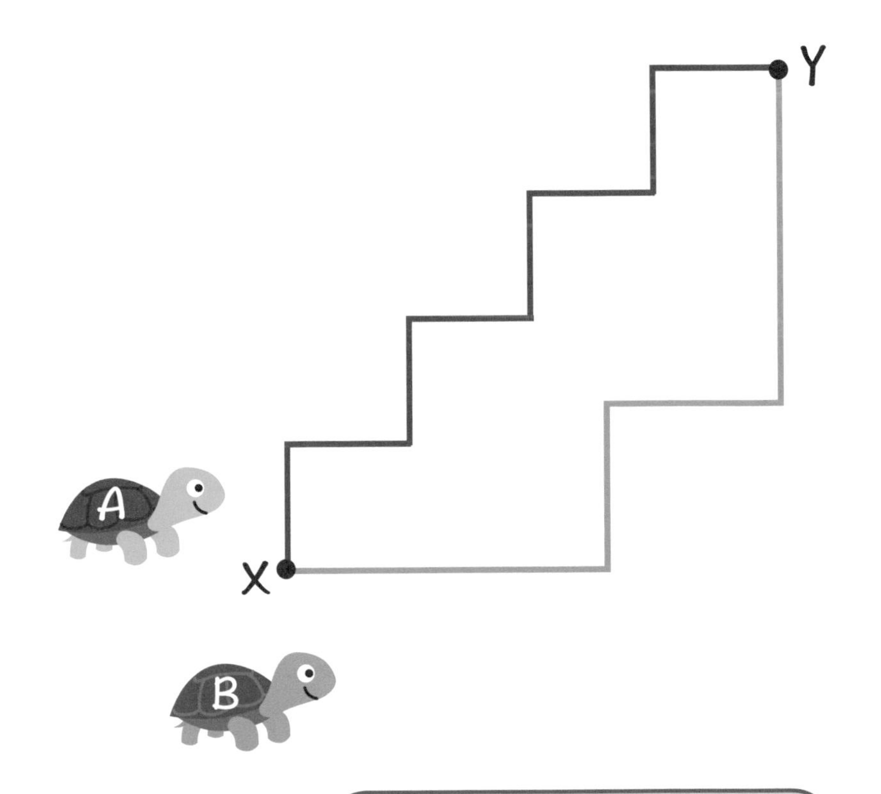

哪一隻小龜所走的路線較長？

小公主飼養了 3 隻小狗，牠們分別是 6 歲、7 歲和 9 歲。

這 3 隻小狗分別是多少歲？

4　難度指數：　限時：40 秒

下面 4 個小孩各畫了一條曲線，表示自己最喜愛的零食。

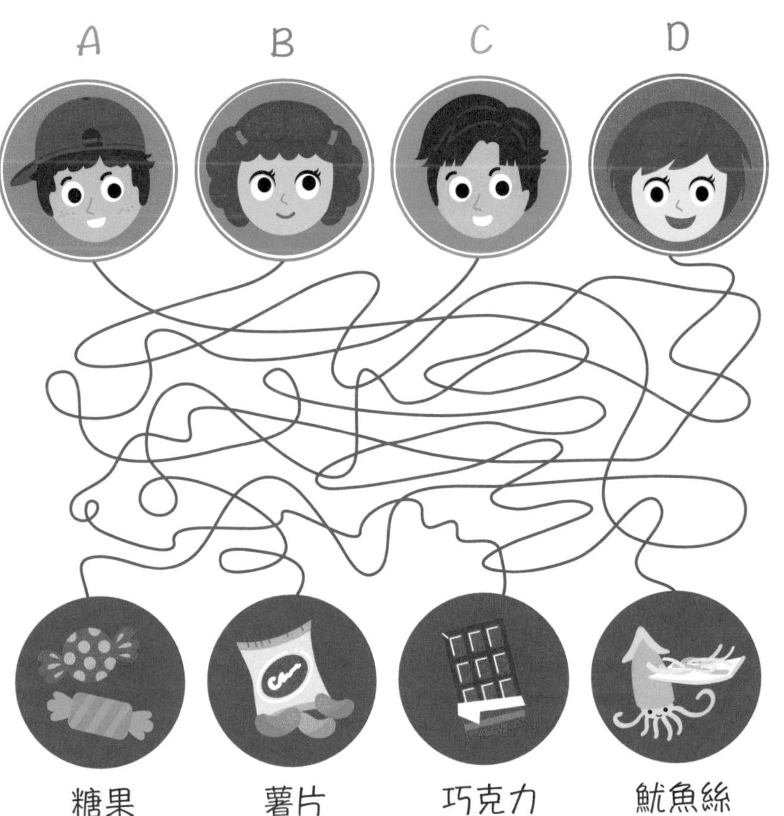

各個小孩最喜愛的零食分別是什麼？

5　難度指數：　限時：20 秒

下面是一個圓柱形的木塊。

如果工人要把它鋸成 8 個大小和形狀都相同的小木塊，最少要鋸多少次？

6 難度指數：■■□□□ 限時：

秒

2A 班學生在一次數學測驗中，只有 2 個學生的分數相同。小邦是 2A 班學生，由最高分起排列，他排第九；由最低分起排列，他排第十八。（分數相同的人排列的位置相同）

第九

第十八

2A 班有學生多少人？

7 難度指數： 限時：01分鐘

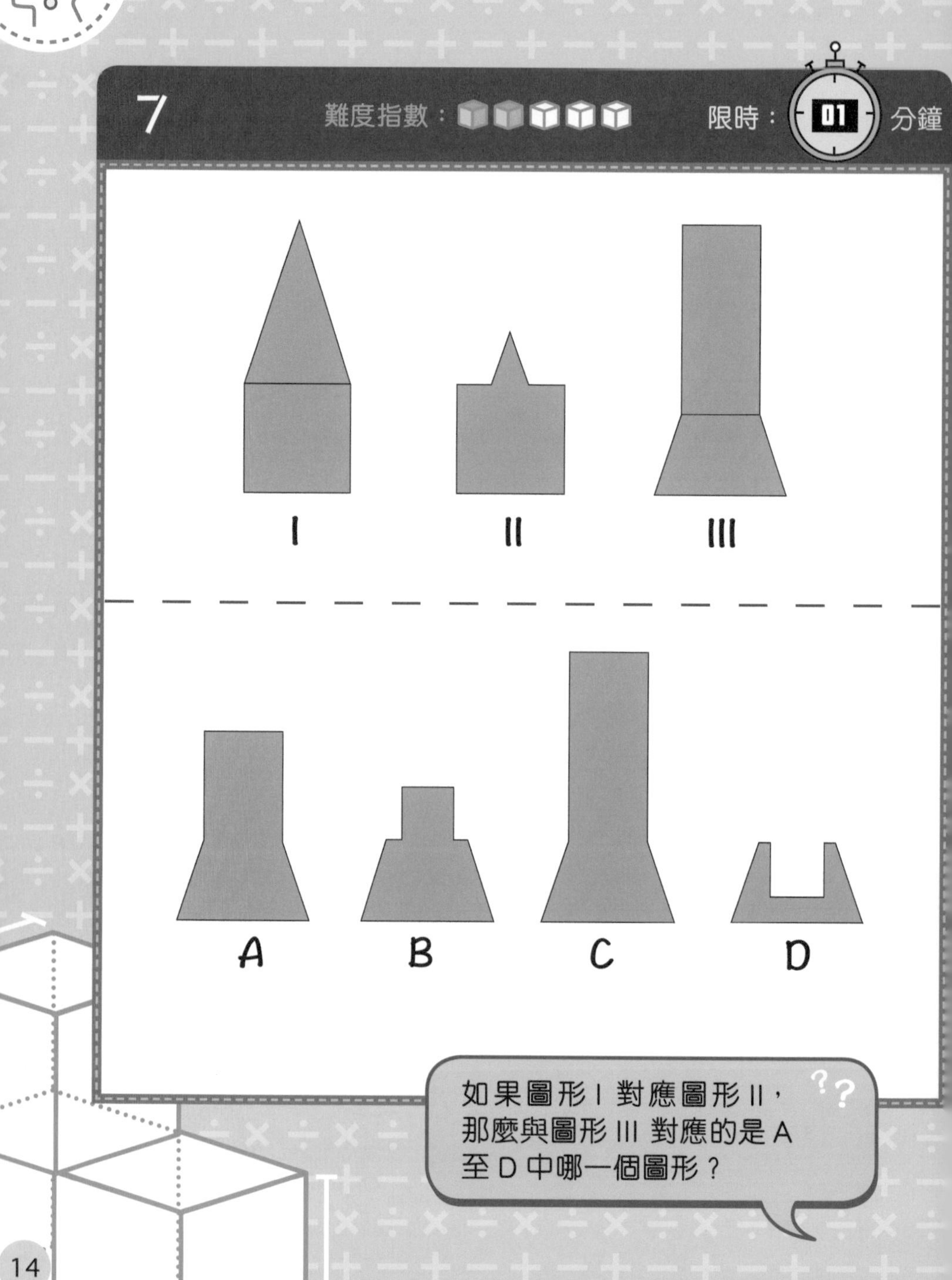

如果圖形 I 對應圖形 II，那麼與圖形 III 對應的是 A 至 D 中哪一個圖形？

8 難度指數：限時：01 分鐘

下面每幅九格圖都有 3 個圓點。

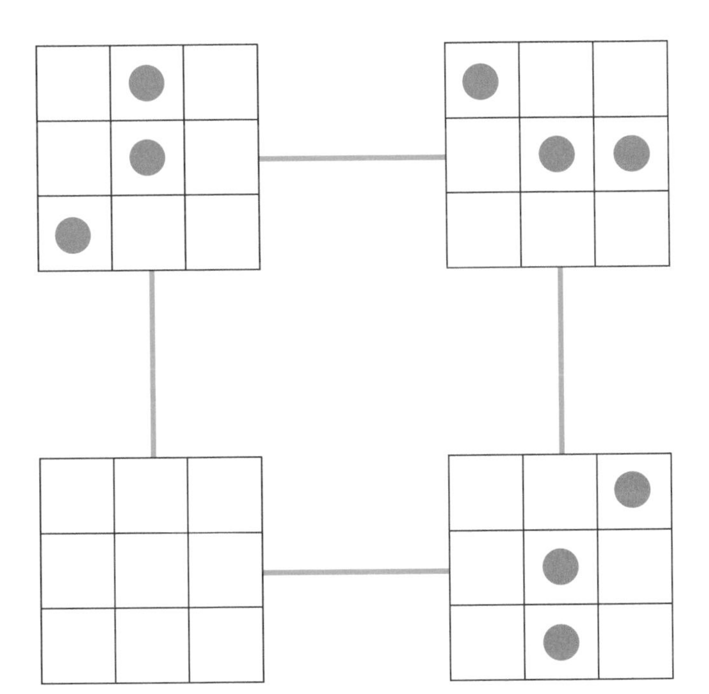

最後一幅圖缺去的圓點應在哪幾格？

9 難度指數： 限時：01 分鐘

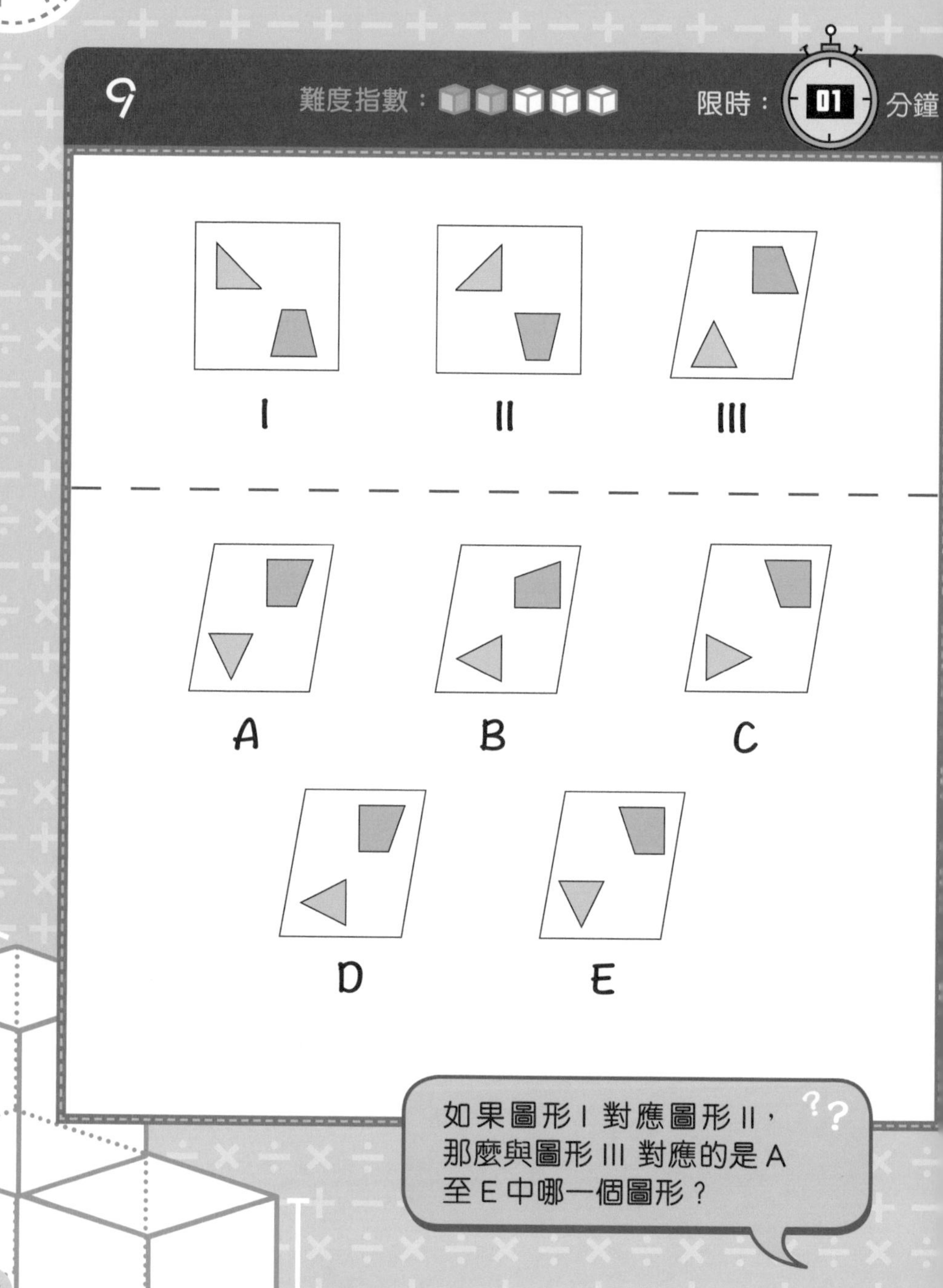

如果圖形 I 對應圖形 II，那麼與圖形 III 對應的是 A 至 E 中哪一個圖形？

10　難度指數：　限時：50 秒

下面天平的左右兩邊分別放了一些砝碼。

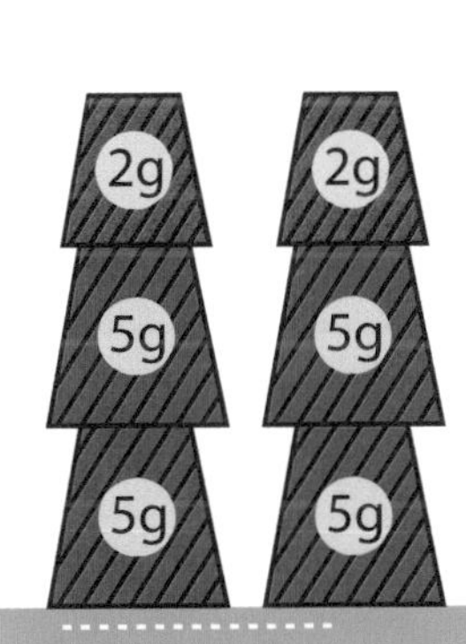

要使天平的兩邊平衡，且移動最少的砝碼，應怎樣移動？

11

難度指數：■■□□□　限時：02 分鐘

下圖中，表 A 對應表 B，表 C 對應表 D。

A

3	12	15	9
18	6	21	24

B

6	24	3	18
21	15	9	12

C

6	30	18	48
42	12	▲	54

D

18	◆	12	30
36	48	6	42

你知道表 C 的 ▲ 和表 D 的 ◆ 分別代表哪一個數嗎？

12 難度指數：

限時： 分鐘

小智和小欣都儲蓄了一些款項。

根據兩人的對話，小欣儲蓄了多少元？

13　難度指數：　限時：03 分鐘

一位設計師把 3 張方格卡紙塗色，它們都有一個特點。

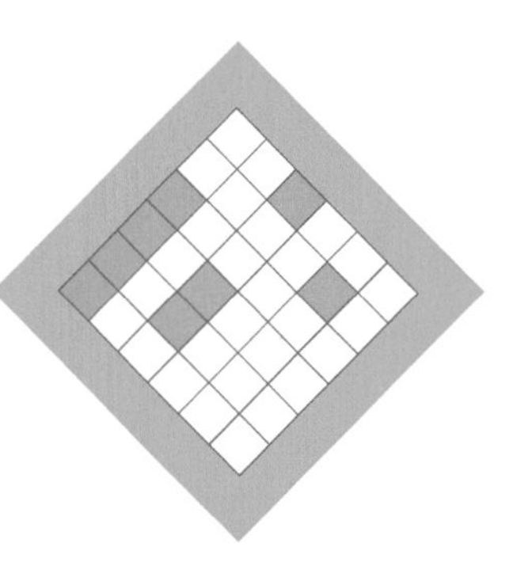

A

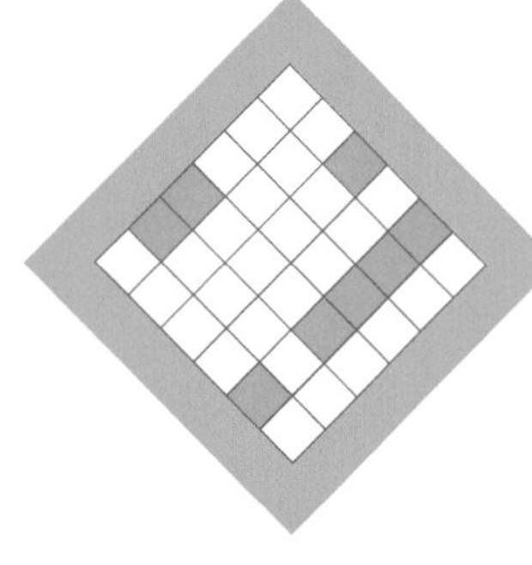

B

C

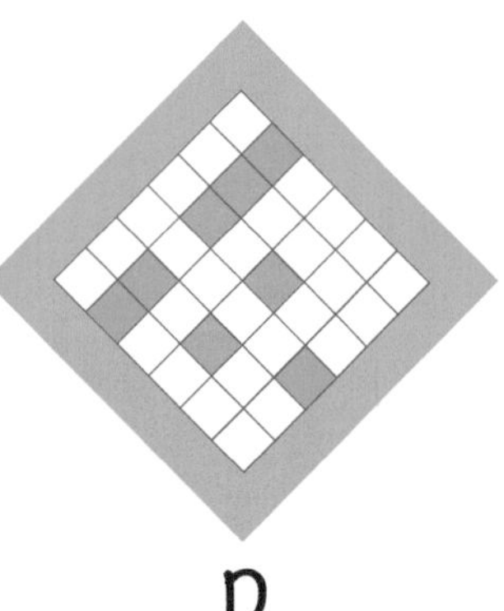

D

你知道哪一張方格卡紙不是設計師塗的嗎？

14

難度指數：

限時：01 分鐘

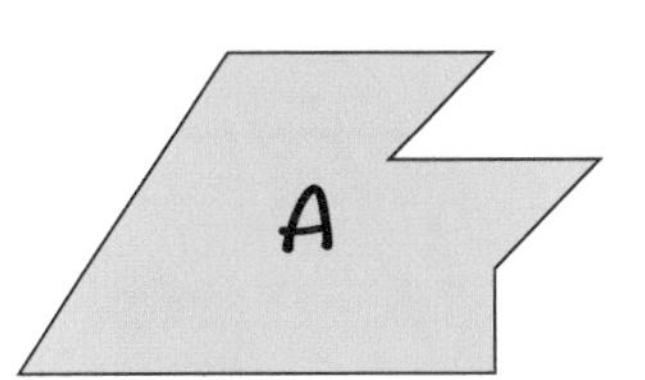

B　　C

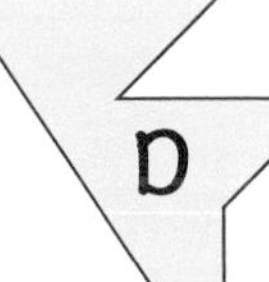

E　　F

上圖中，哪一個圖形能夠和圖形 A 拼砌成一個梯形？
（圖形不可以重疊）

15

難度指數：

限時： 02 分鐘

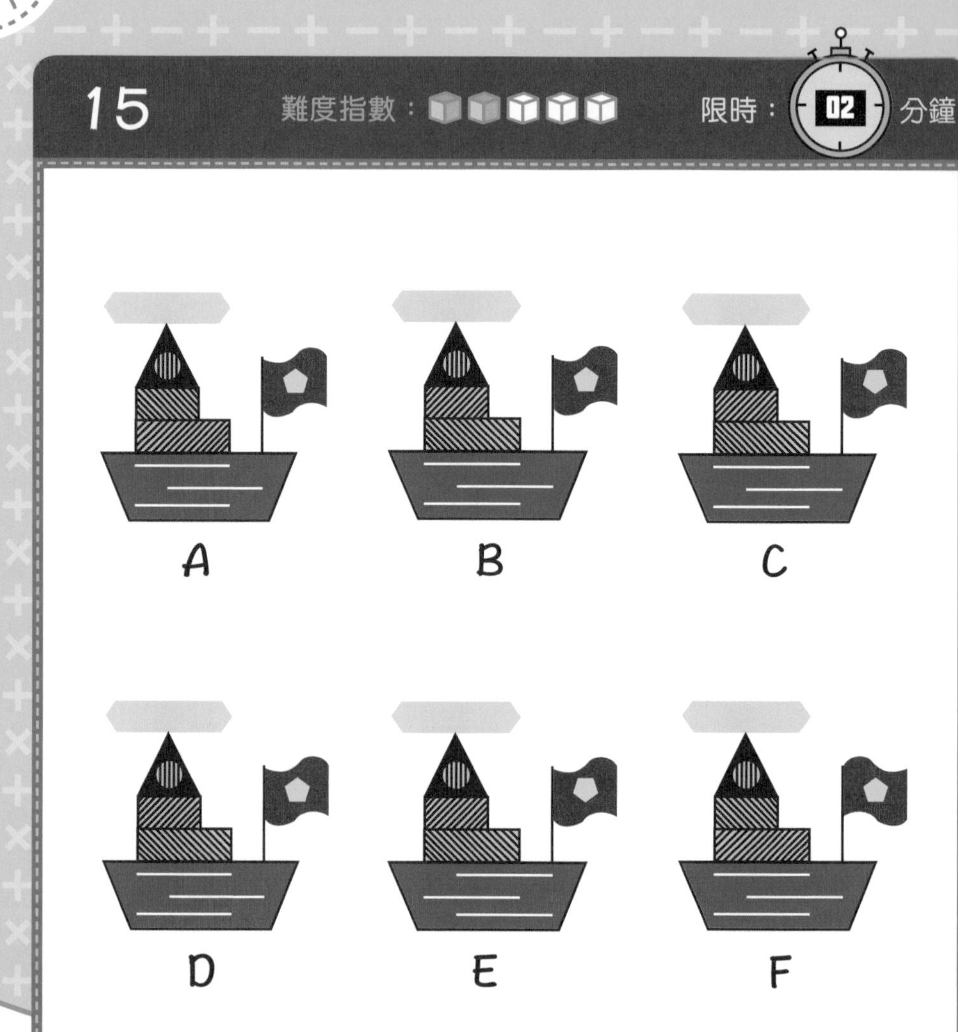

上圖中，哪兩幅小船圖是相同的？

16 難度指數：

限時：02 分鐘

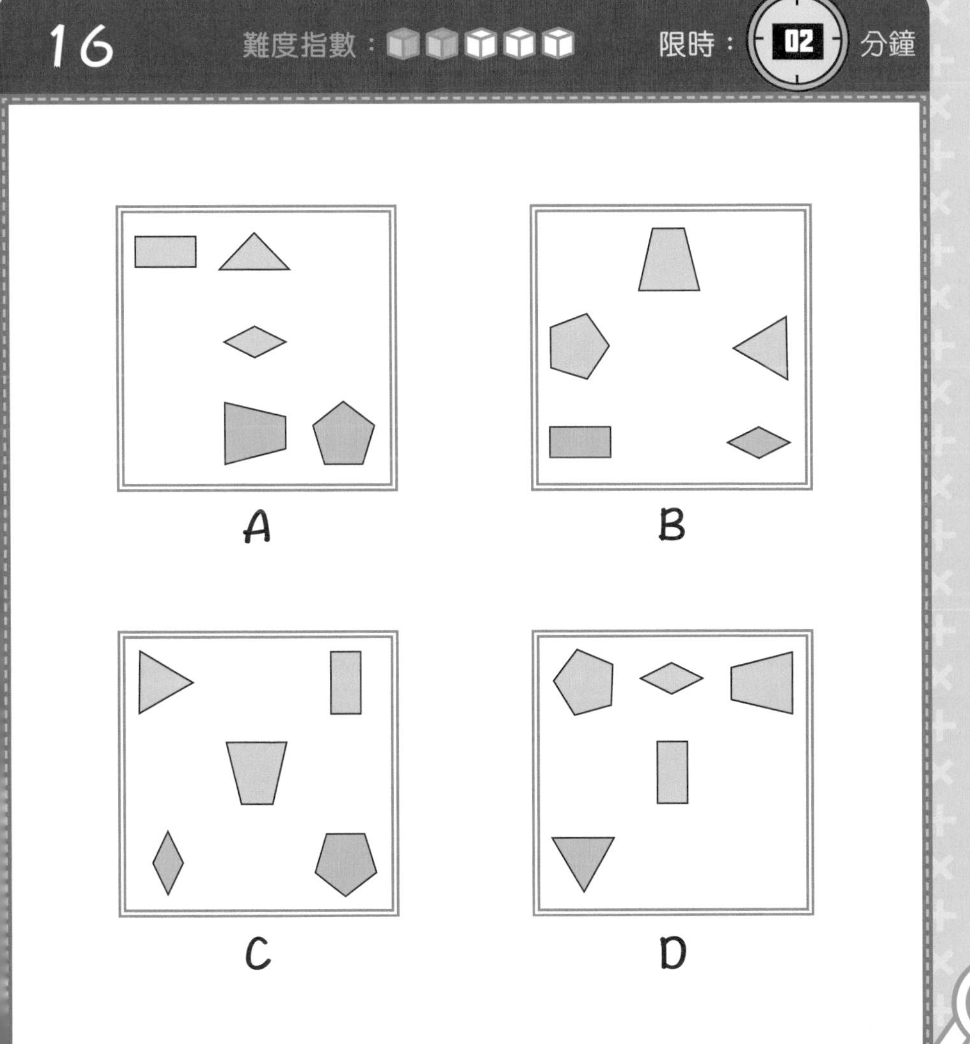

上圖中，哪一幅圖與其他的不相同？

17

難度指數：

限時： 分鐘

下圖中，圓形草圃上有 14 個紅蘿蔔，正方形草圃上有 22 個紅蘿蔔。

如果要使一塊草圃上的紅蘿蔔數量是另一塊草圃上的 3 倍，小兔最快應如何搬移紅蘿蔔？

18　難度指數：　限時：02 分鐘

下面是由 19 枝牙簽拼砌成的 6 個正方形。

6 個變 7 個？

如果只可以移動 2 枝牙簽，而要使圖中得到 7 個正方形，應怎樣擺放呢？（牙簽不可以重疊）

19

難度指數：

限時：

分鐘

要在下面的六邊形內填上 1 至 13（不可以重複，注意部分數字已填上），使每條直線上的六邊形中的 3 個數之和都相等。

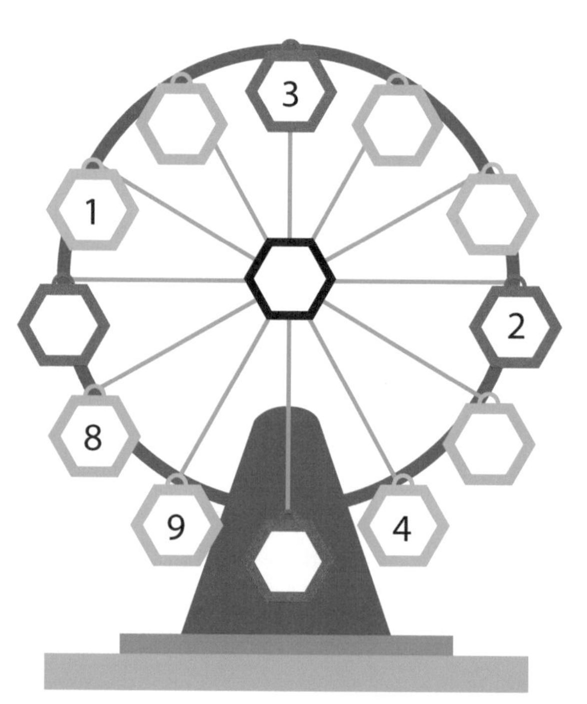

你知道應怎樣填嗎？

20　難度指數：　限時：03 分鐘

下面的木架上有 6 個陶瓷公仔。

規則：

- 每次必須移動相鄰的 2 個陶瓷公仔
- 移動的陶瓷公仔不能左右調換位置
- 移動的陶瓷公仔只能放在木架的空格位置

現在要依紙上寫的規則，把同款的陶瓷公仔擺放在一起，那麼最少要移動多少次？

21　難度指數：　限時：01 分鐘

一個動物村莊住了 3 個家族，共有 210 隻動物，而各家族成員的數量剛好是 3 個連續數。

這個動物村莊共有雞多少隻？
共有豬多少隻？

22

難度指數：

限時：

分鐘

一位科學家要測試 15 個燈泡，他從燈泡①開始順時針數到第六個燈泡，便把它亮起，然後從下一個燈泡再順時針數到第六個燈泡，又把它亮起。

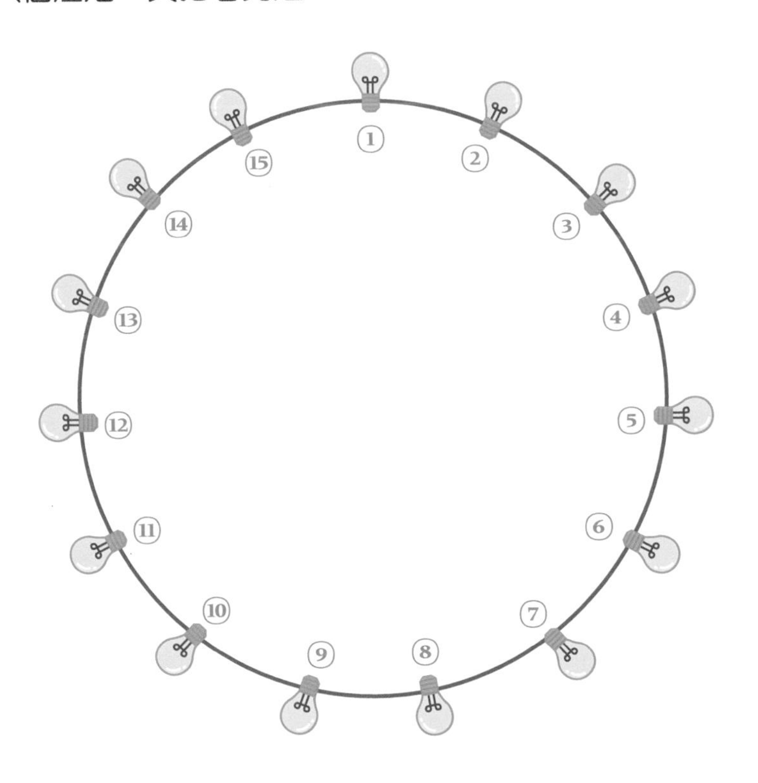

他這樣重複數到第八次，應把哪一個燈泡亮起？（已亮起的燈泡不會再數）

23

難度指數：

限時：01 分鐘

畫的路線不可以重複啊！

上面是一幅能夠一筆畫出來的圖，你能夠用一筆畫成這樣嗎？

24 難度指數： 限時：02 分鐘

小玲有 3 位哥哥。大哥借了 50 元給二哥，三哥向二哥借了 100 元，大哥又向三哥借了 50 元。

最後應由誰向誰還多少款項，使 3 位哥哥之間沒有欠款？

25　難度指數：　限時：分鐘

要在每個空格內分別填上 1 至 7（不可以重複），使下面 3 道沒有餘數除式的結果都相同。

你知道這 3 道算式是什麼嗎？

26

難度指數：

限時：02 分鐘

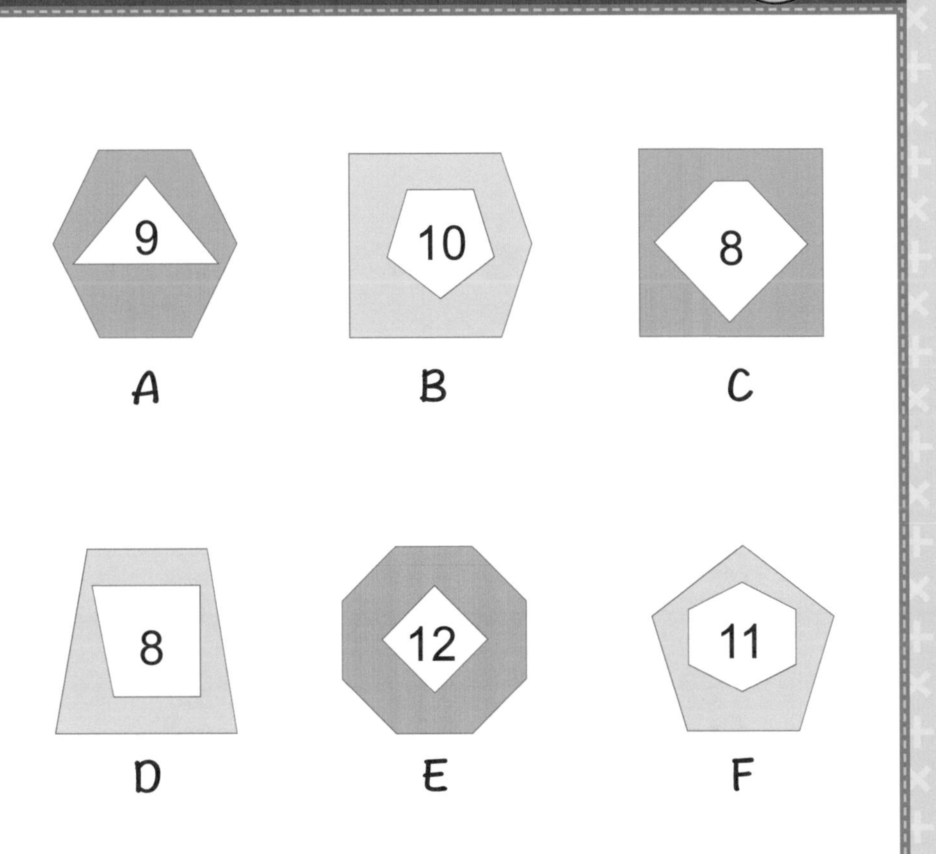

觀察上面 6 幅圖，哪一幅圖與其他的不相同？

27

難度指數：

限時：02 分鐘

一位小士兵接受訓練，要從迷宮的入口到達出口。

你可以替他找出逃離迷宮的路線嗎？

28　難度指數：　限時：01 分鐘

下面是分別能夠計出 6 分鐘和 10 分鐘的沙漏。

如要用這兩個沙漏計出 14 分鐘，應怎樣做？

29 難度指數： 限時：02 分鐘

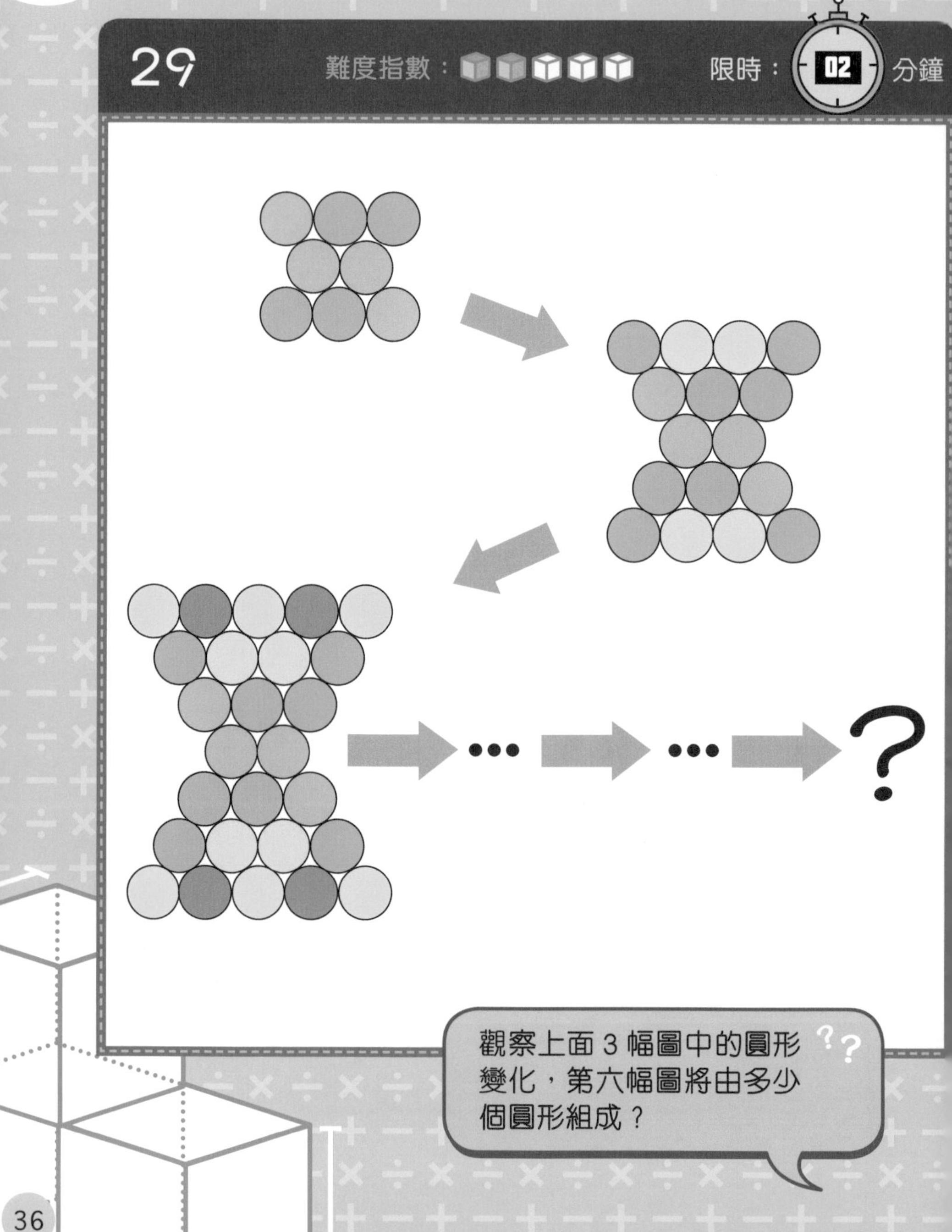

觀察上面 3 幅圖中的圓形變化，第六幅圖將由多少個圓形組成？

30 難度指數：■■□□□ 限時：

分鐘

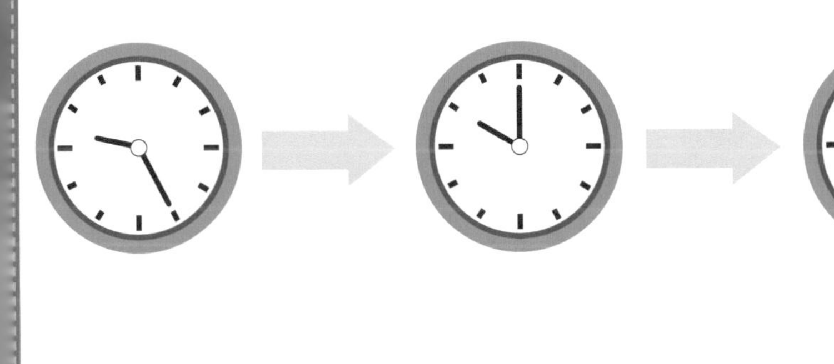

根據上面 5 個鐘面中時間變化的規律，你知道接下來的鐘面應顯示什麼時間嗎？

31

難度指數：

小康的圖書證號碼是 273816，他在下面的卡上找到這個號碼（數字是連續的直行、橫行或斜行出現）。

No. 273816

6	1	8	0	2	3	7	8	1
1	7	4	2	7	3	8	5	6
8	2	3	3	3	5	2	3	6
3	7	2	7	8	7	8	7	1
8	1	6	7	3	4	3	2	8
6	8	3	8	6	7	2	8	8
8	0	1	2	7	8	7	1	3
1	6	6	2	3	7	1	6	1
6	2	3	7	8	1	6	9	2

你能夠找到這個圖書證號碼的位置嗎？

32 難度指數：  限時：01 分鐘

觀察框內兩幅圖的特性。

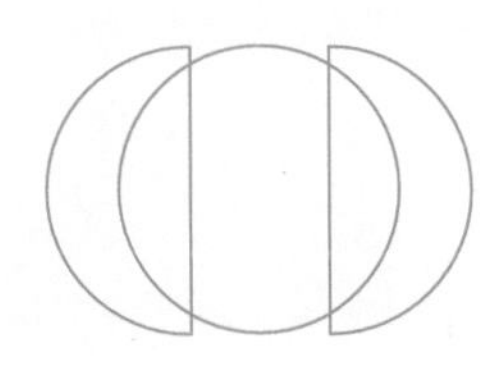
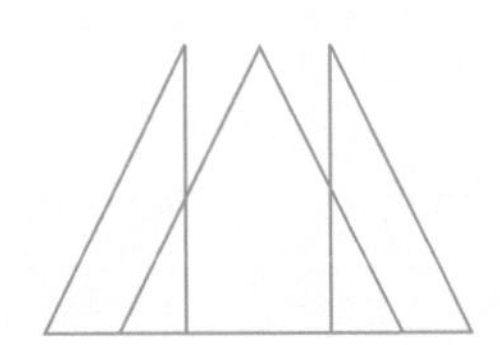

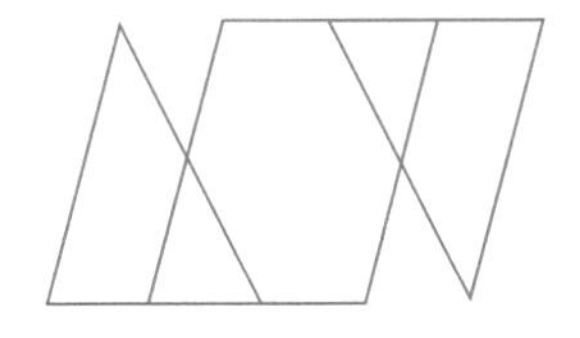
A

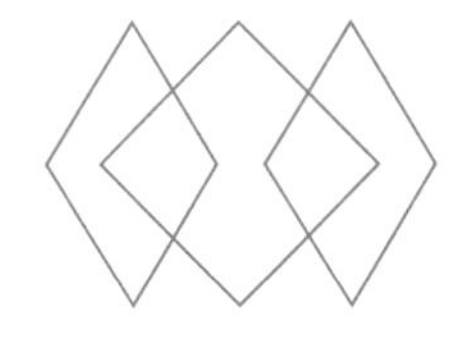
B

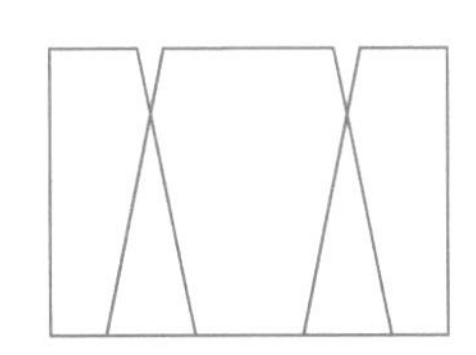
C

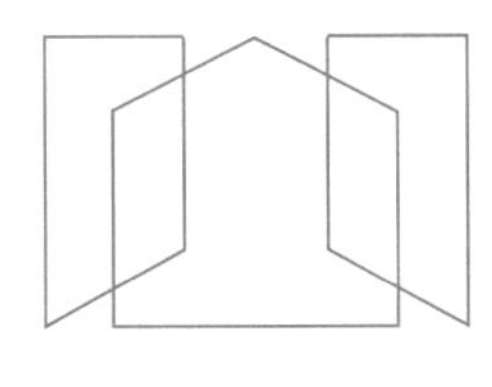
D

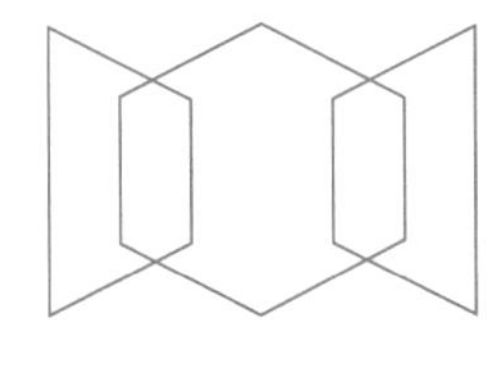
E

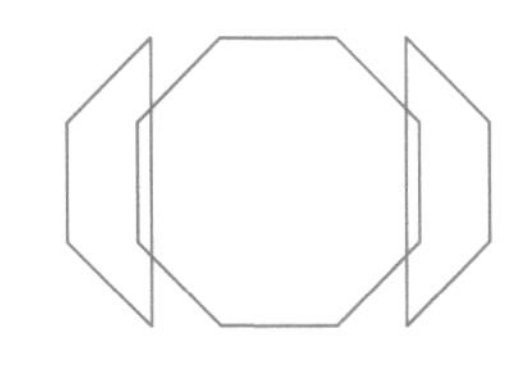
F

以上哪幾幅圖同樣有這樣的特性？

33

難度指數：

限時：

分鐘

下面的算式中，每張麪包卡的背面都印着一個數。

20	×		=	40
÷		÷		÷
	×	2	=	8
=		=		=
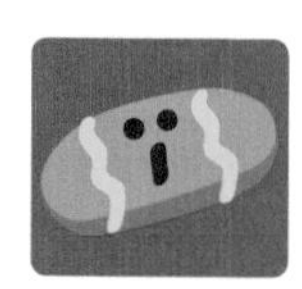	×		=	

各張麪包卡分別印着什麼數？

34

難度指數：■■■■□□　限時：02 分鐘

童軍隊有隊員 68 人，全部隊員以一人一票的方式，從 3 位候選人中選出得票最多的一人成為隊長。在點算票數過程中的某一刻，① 號已得 14 票，② 號已得 23 票，而 ③ 號已得 21 票。

① 正 正 止
② 正 正 正 正 下
③ 正 正 正 正 一

這一刻，② 號候選人最少要再得多少票才肯定當選隊長？

35

難度指數：　限時：04 分鐘

下面是一個 12 人座位表，其中兩個座位已安排了學生。

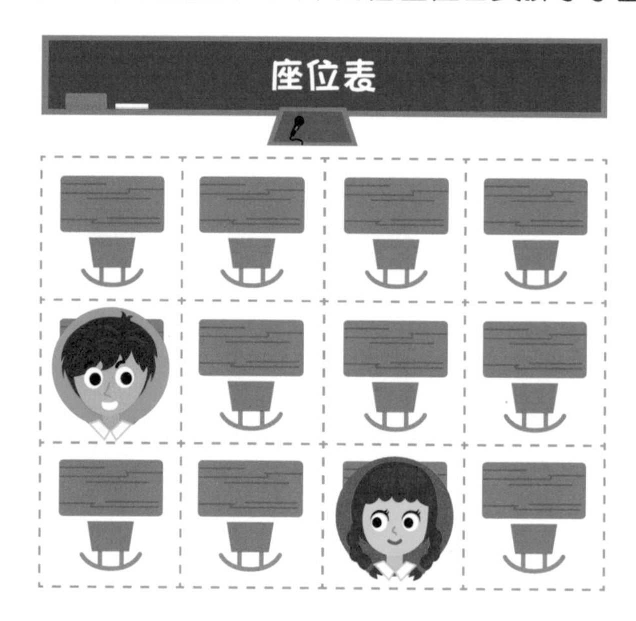

學生 A：「我和 C 坐在同一直行。」
學生 B：「我坐的右鄰是 C。」
學生 C：「我坐在 A 的後面。」
學生 D：「我坐的左面只有 A，後面全是空位。」
學生 E：「我坐的左鄰和右鄰都是空位。」

根據 5 位學生的說話，你知道各人分別坐在哪一個位置嗎？

36

難度指數：

限時：04 分鐘

要在下面的花兒內填上 1 至 8（不可以重複），使線段直接相連的兩個數之差都不少於 2。

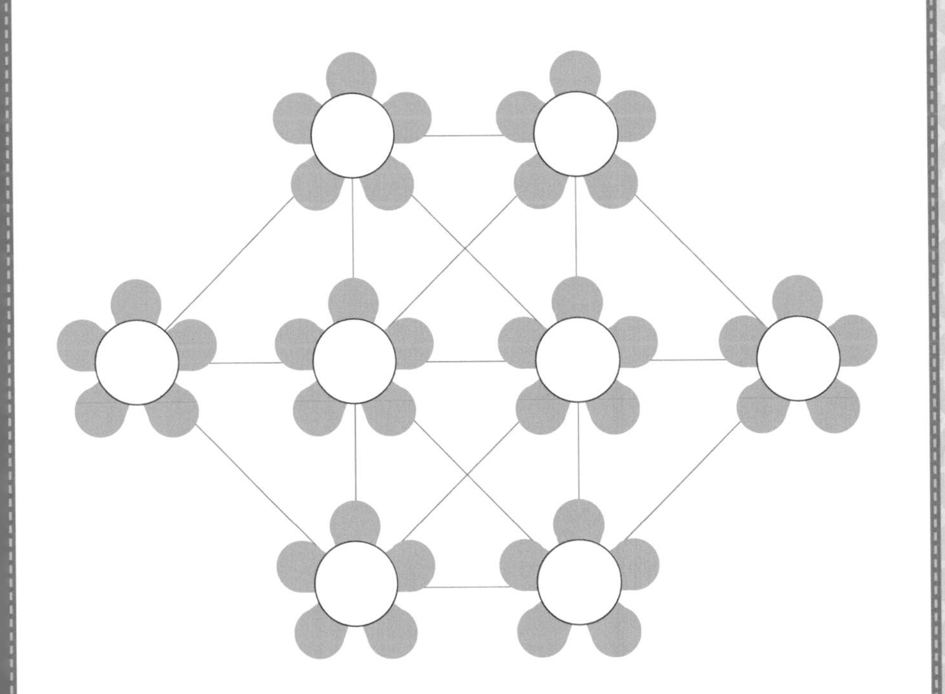

你知道應怎樣填嗎？

37

難度指數：

限時：02 分鐘

下面放了一些透明膠片，其中只有一款是重複的。

細心觀察，你發現到哪一款膠片是重複的嗎？

38

難度指數：

限時：

分鐘

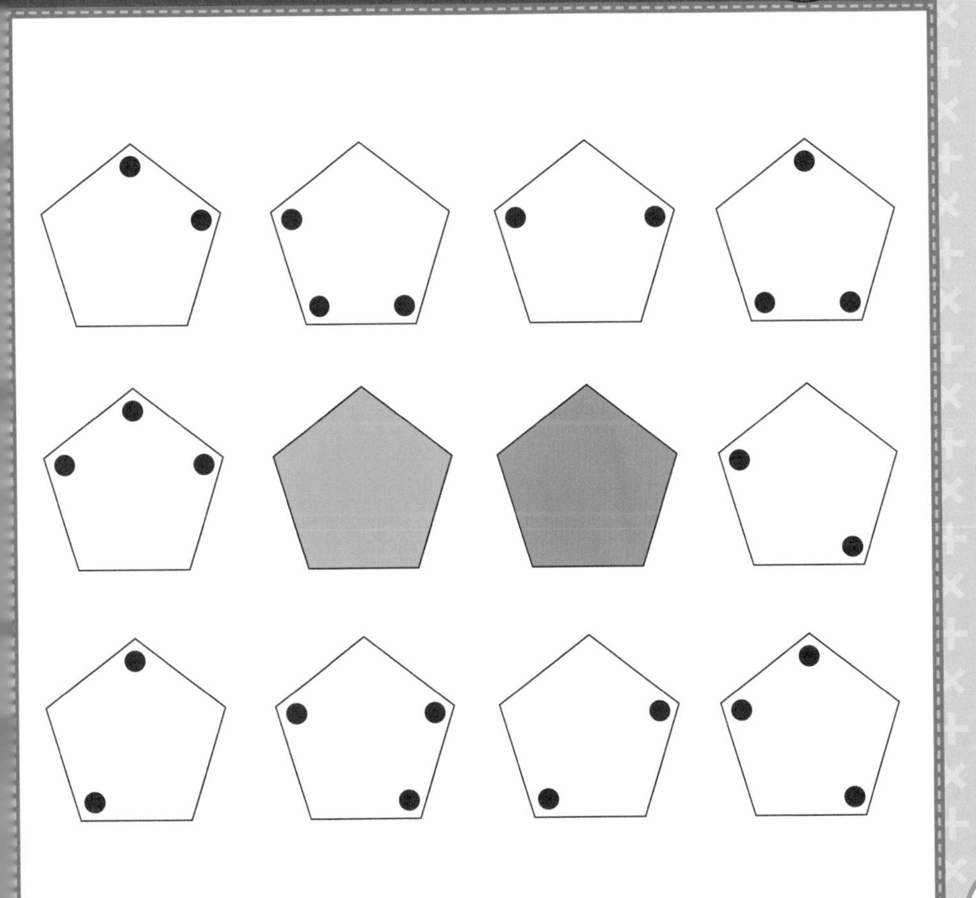

觀察上圖，兩個着色五邊形內的圓點應在哪些位置？

39 難度指數： 限時： 04 分鐘

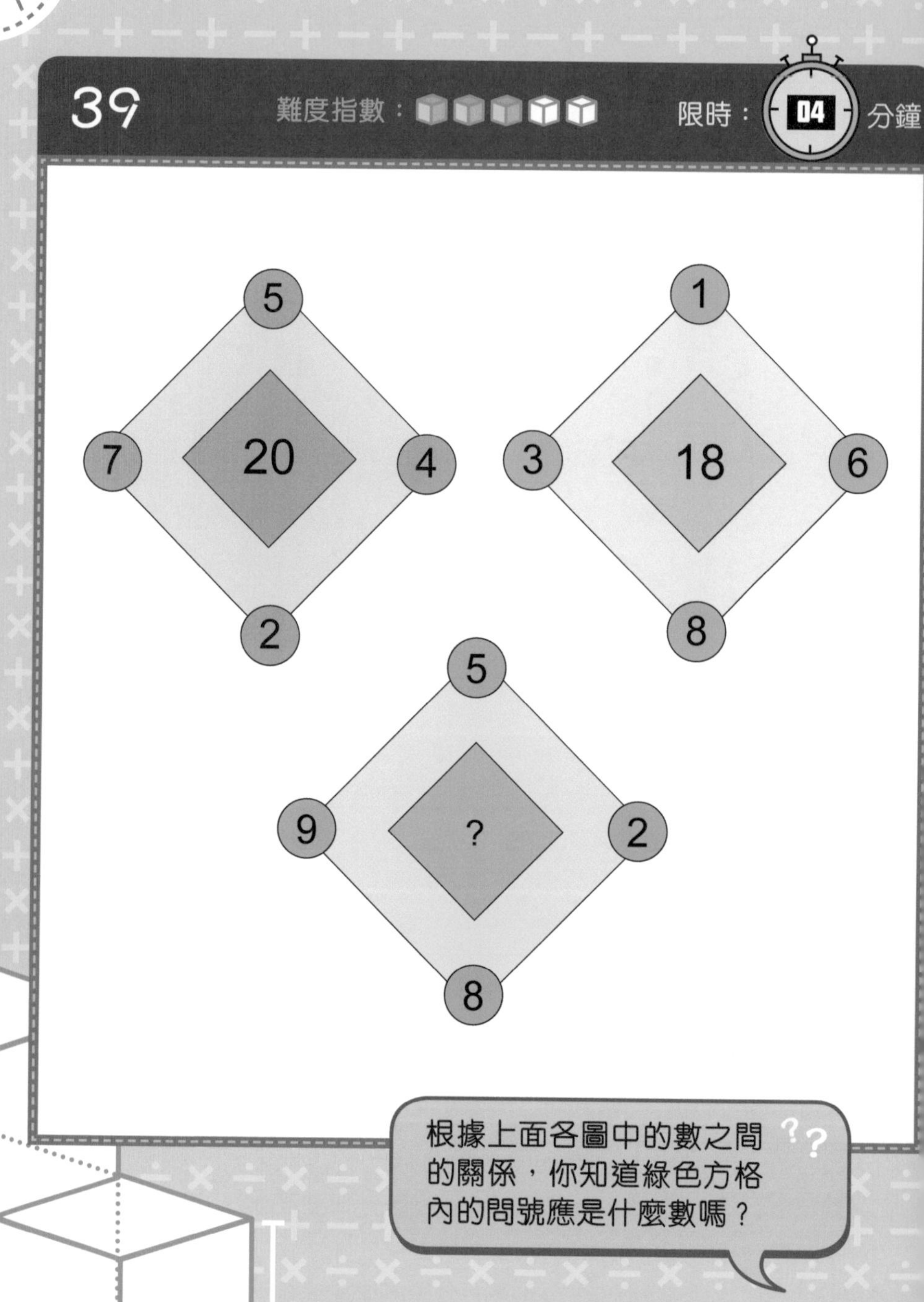

根據上面各圖中的數之間的關係，你知道綠色方格內的問號應是什麼數嗎？

40　難度指數：

限時：分鐘

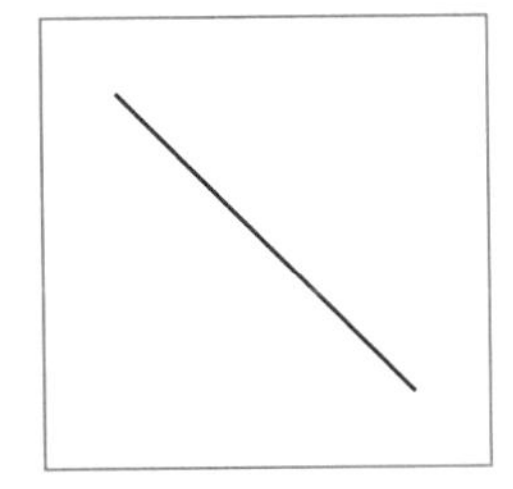
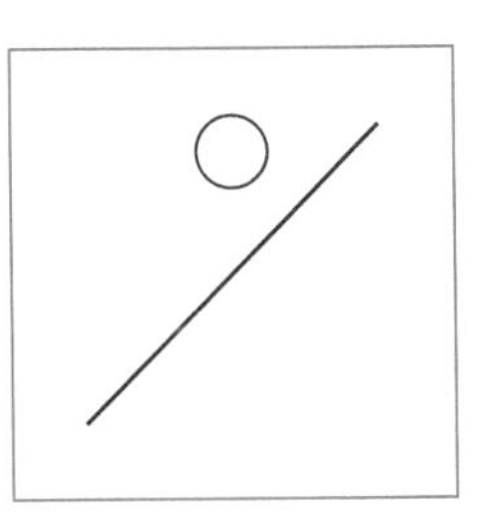
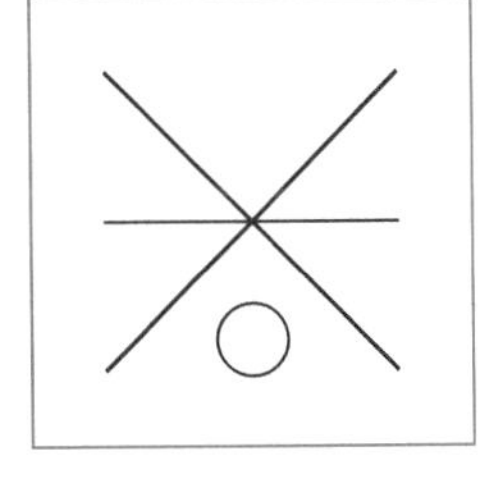
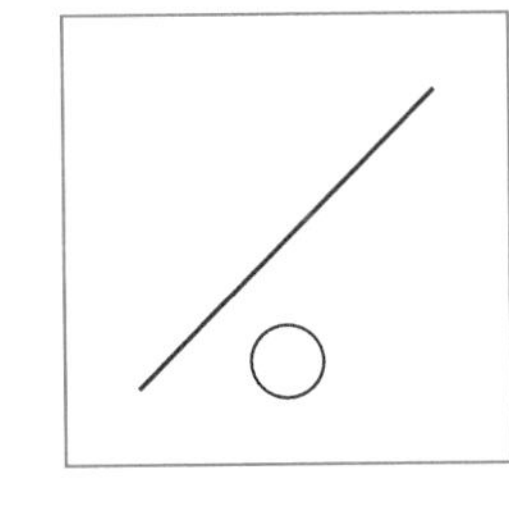
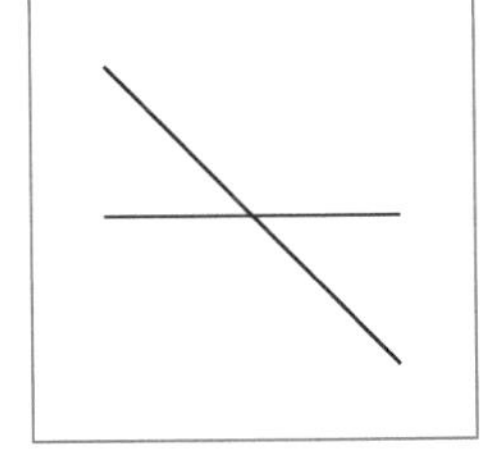

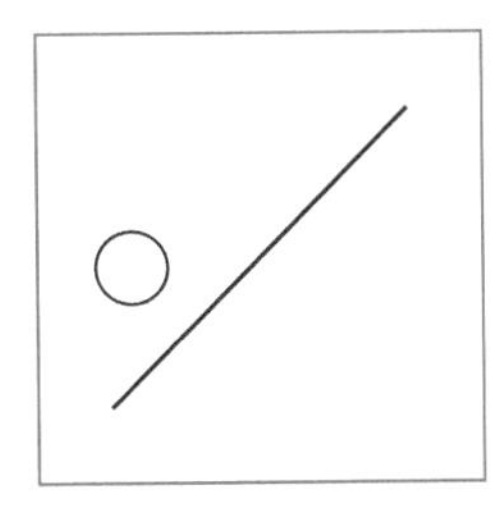

觀察上圖，你知道空格內應是什麼圖案嗎？

41

難度指數：

限時：02 分鐘

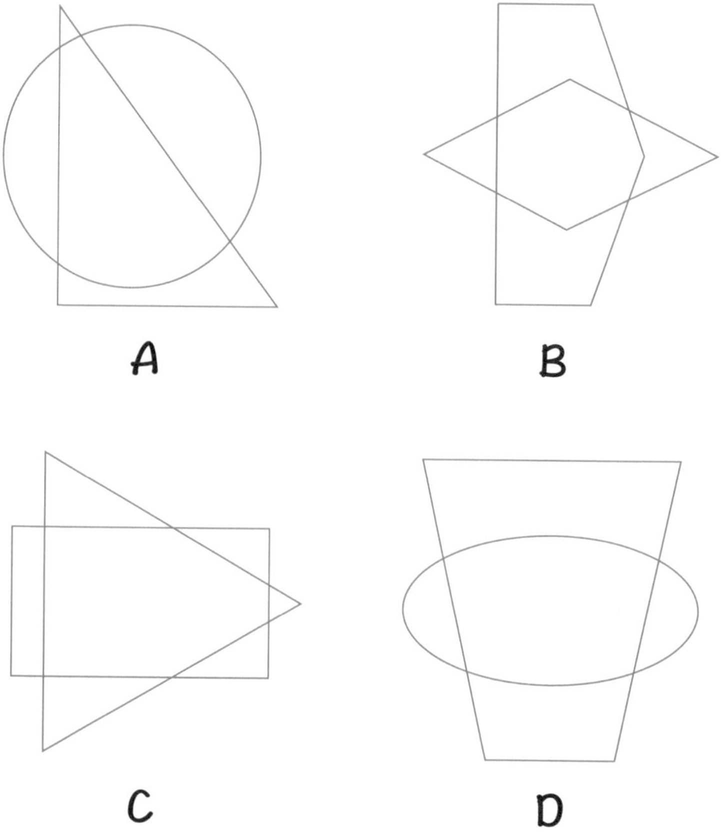

A

B

C

D

上面哪一幅圖與其他的不相同？

42

難度指數：

限時：

分鐘

A

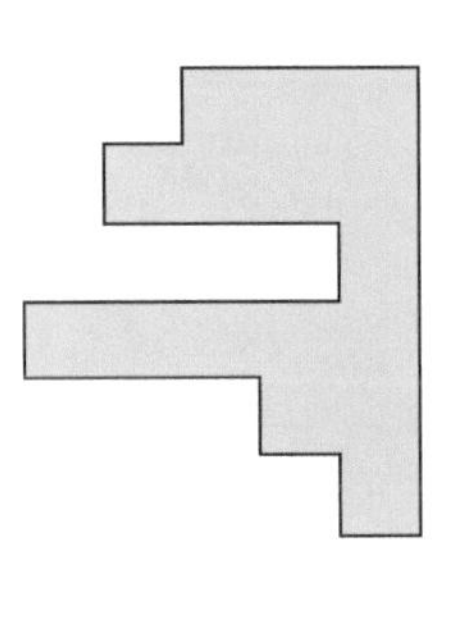

B

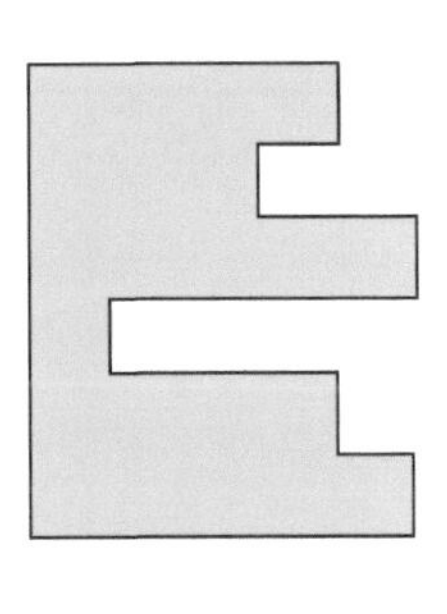

C

D

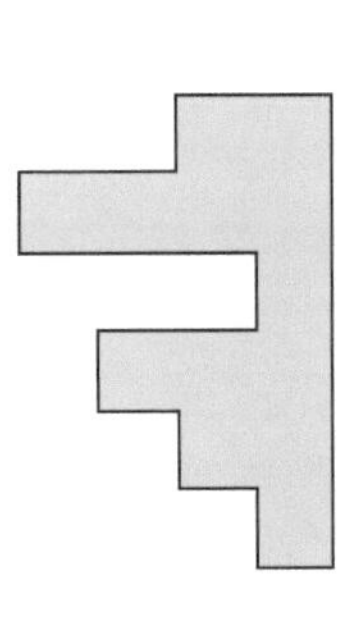

E

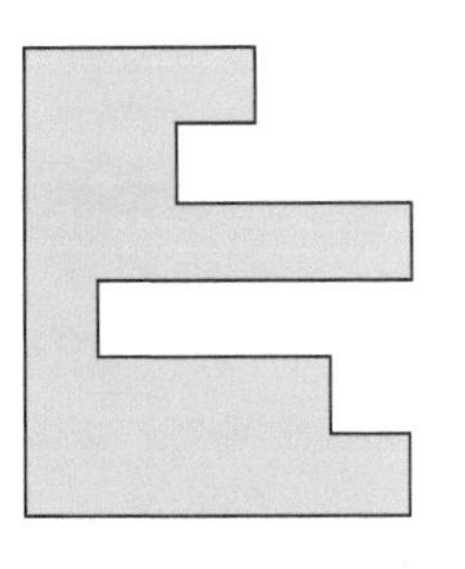

F

上圖中，哪兩個圖形可以合拼成一個正方形？（圖形不可以重疊）

43

難度指數：

限時： 分鐘

下面用 15 粒相同的鈕扣排成一個三角形，每邊有 6 粒鈕扣。

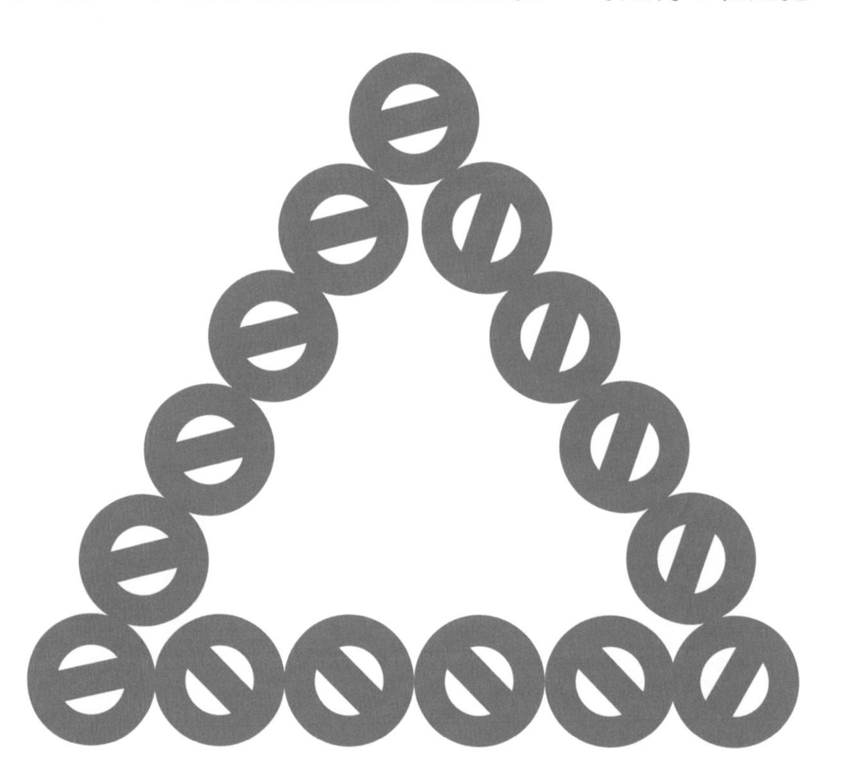

如果要用這 15 粒鈕扣排成一個三角形，但每邊有 7 粒鈕扣，你能夠做到嗎？

44 難度指數：

限時：03 分鐘

從 6 個相同的正方形的 4 個角分別剪去一部分，出現了下面的圖形。

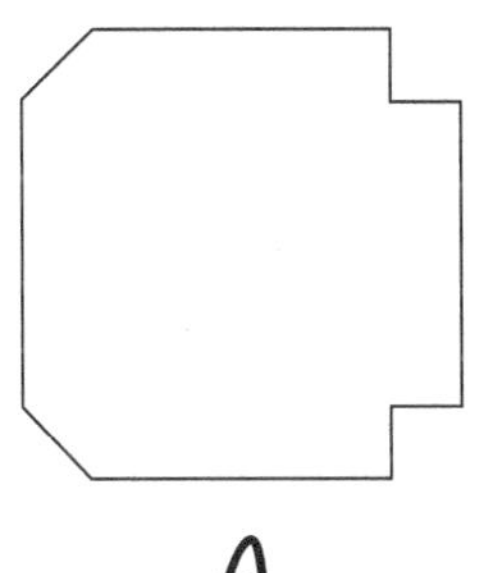

A

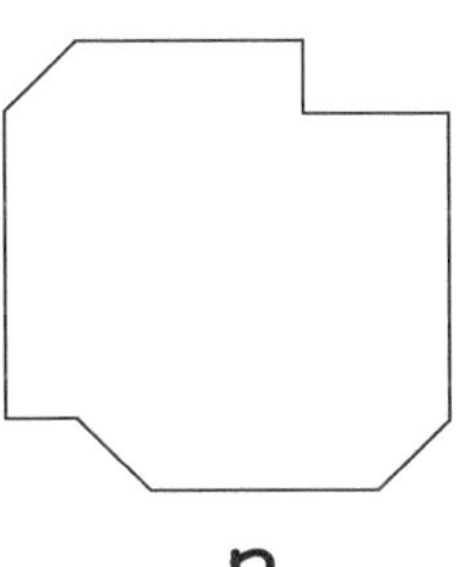

B

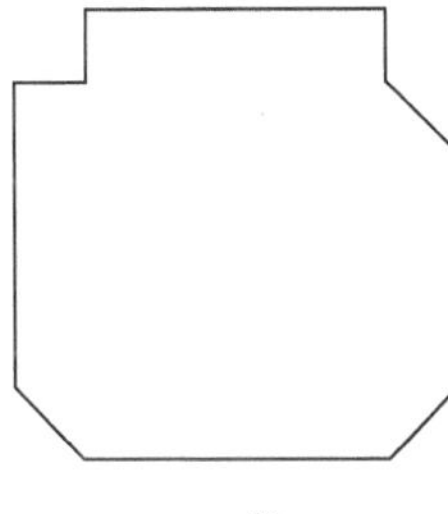

C

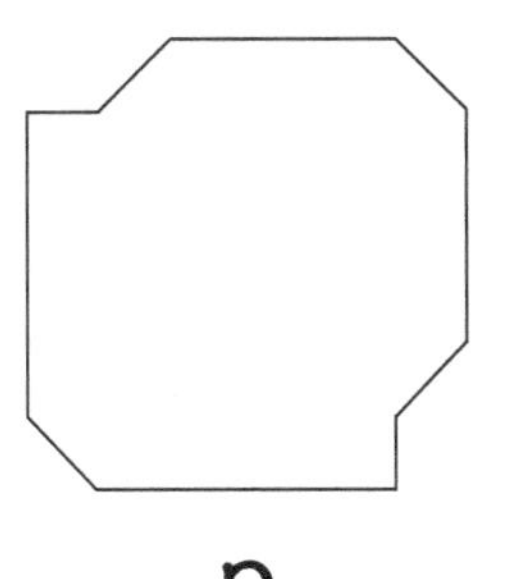

D

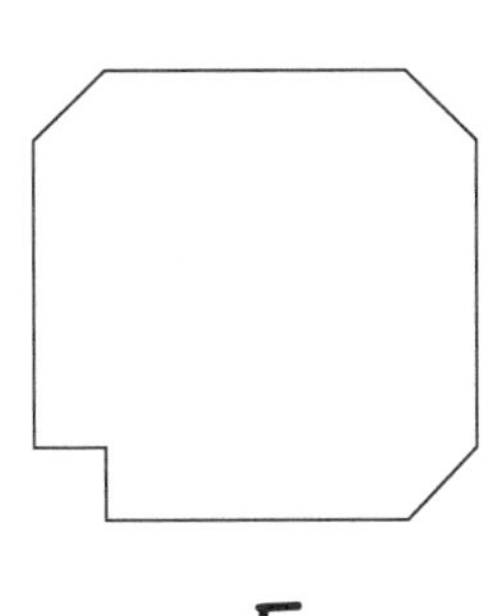

E

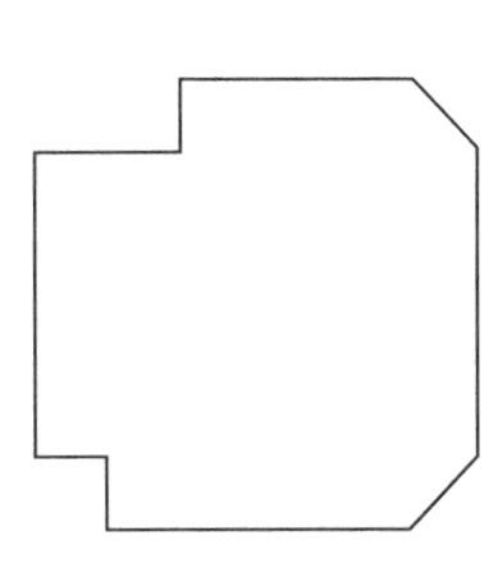

F

哪一個圖形與其他的不相同？

45

難度指數：■■■□□　限時：04 分鐘

下面有 4 個三角形。

你能夠只加畫 1 個三角形，使三角形的數量合共有 14 個嗎？

46

難度指數：

限時：04 分鐘

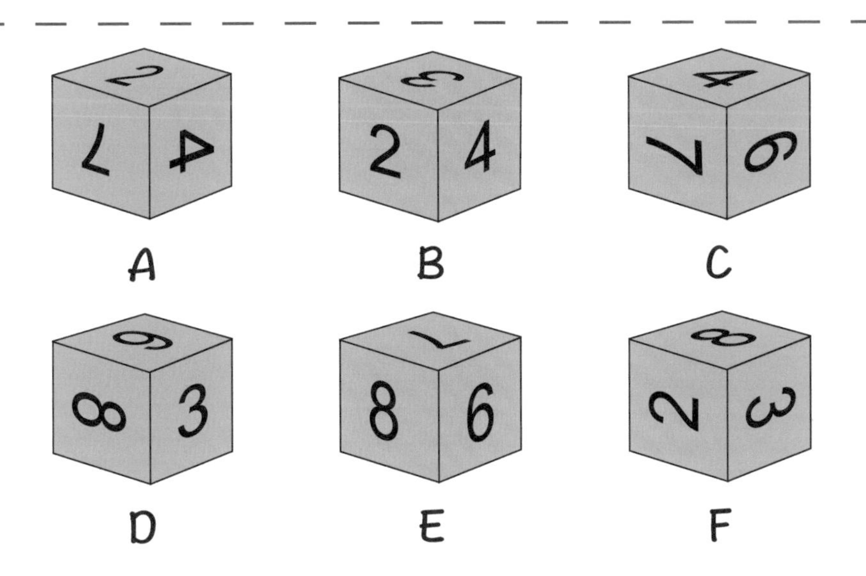

上圖中，哪些正方體不是由圖樣 1 摺成的？

47

難度指數：■■■□□

限時：04 分鐘

下面是一個九宮格紙板，格上的數是依規律變化。

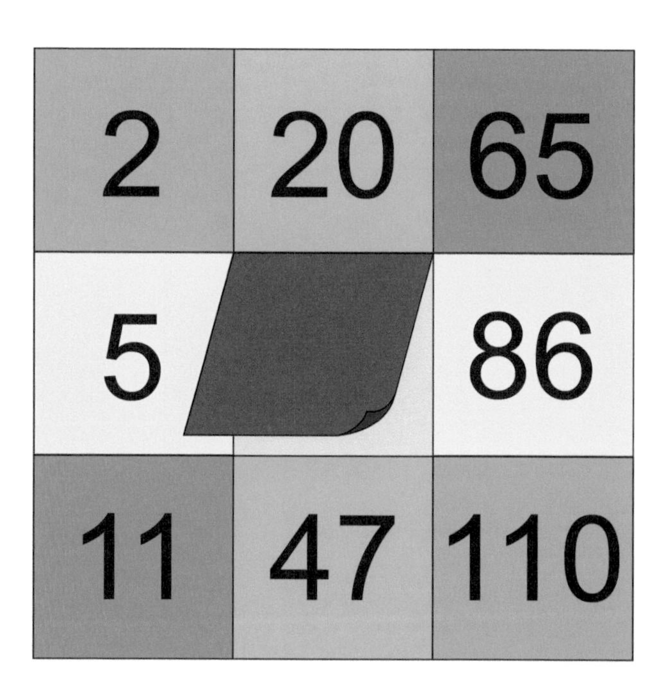

你知道中心一格是什麼數嗎？

48

難度指數：

限時：02 分鐘

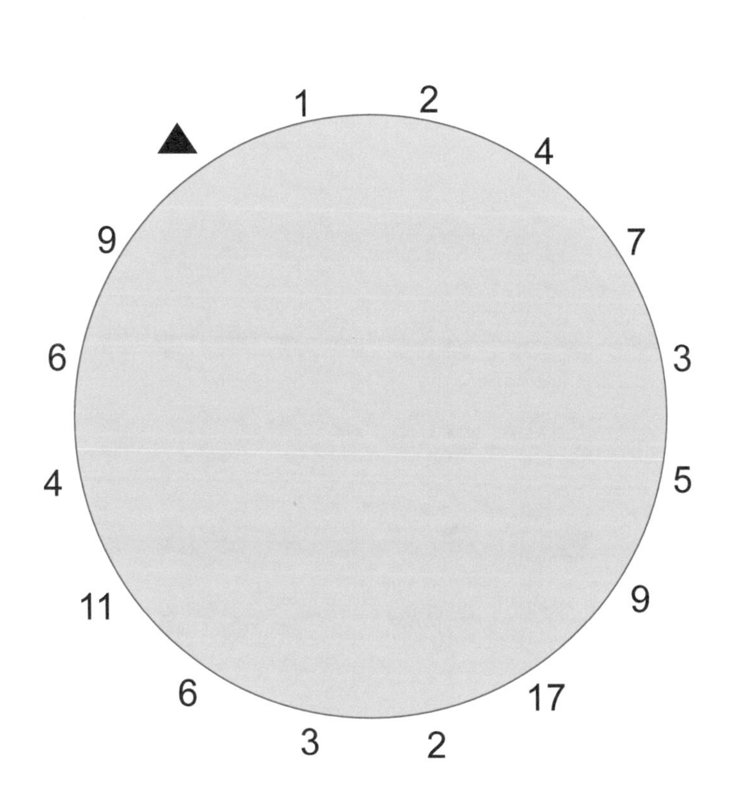

觀察圍繞圓形的數，你知道▲代表哪一個數嗎？

49

難度指數：■■■□□　限時：04 分鐘

小青蛙要從 A 岸跳過荷葉到 B 岸，牠跳過的數必須大過前一個數，且只能向東、南、西、北方向跳。

A岸

9	15	21	24	21	31
4	20	20	23	28	26
3	21	18	14	29	33
7	23	15	29	20	24
6	11	14	28	25	35
8	13	15	18	14	28

B岸

你能夠畫出牠應走的路線嗎？

50 難度指數：

限時： 分鐘

有一朵奇怪的花兒被藏在箱子裏後，它的頂部跟箱子頂部之間一直維持在 20 厘米。直至今天開始，它每天清晨都會向上生長 5 厘米，但到黃昏卻會向下縮短 3 厘米。

你知道最快要幾天後，這朵花兒才露出箱子頂部嗎？

51

難度指數：

限時：

分鐘

要在下圖中加 3 條直線，把水果分為 4 部分，而每部分有的各種水果數量相同。

你知道應怎樣加直線嗎？

52 難度指數：限時：04 分鐘

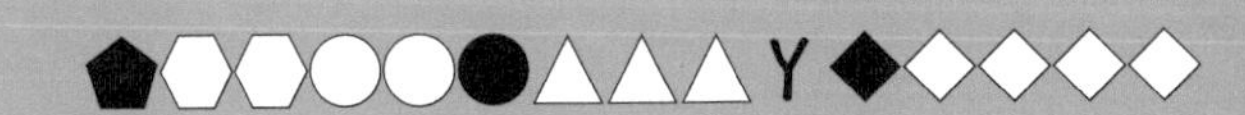

X代表：○ ● △ ▲ ◇ ◆ ⬠ ⬟ ⬡ ⬢

Y代表：○ ● △ ▲ ◇ ◆ ⬠ ⬟ ⬡ ⬢

觀察框內 4 組圖形的規律，兩個英文字母分別代表哪一個圖形？

53 難度指數： 限時：05 分鐘

有一個兩位數，把它除以 5 時，餘數是 3。如果把它的十位和個位對調，新的兩位數能夠被 9 整除，也能夠被 2 整除。

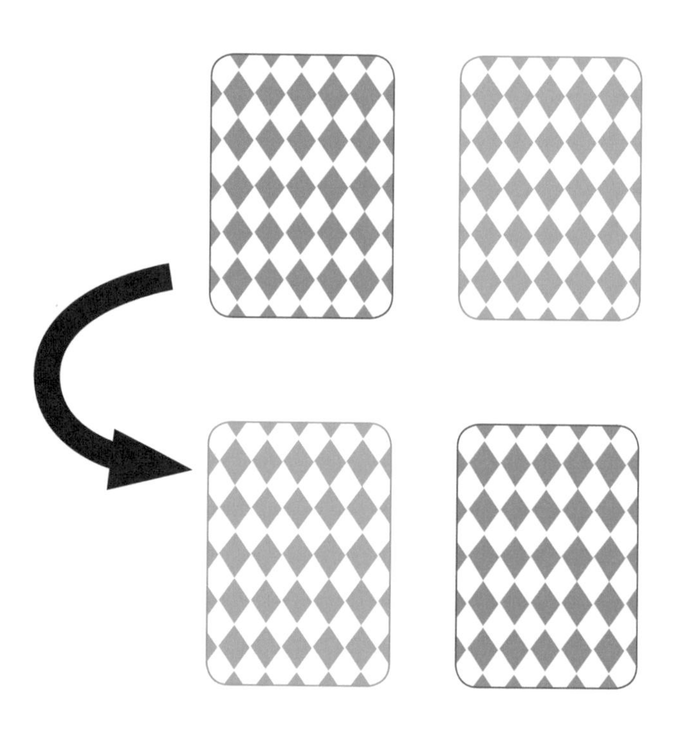

你知道新的兩位數是什麼嗎？

54 難度指數： 限時：04 分鐘

下面有 7 個木箱，各木箱的正面依規律印上一個三位數。

你知道中間的木箱印上哪一個三位數嗎？

55

難度指數：■■■□□

限時：04 分鐘

下面是一張長方形卡紙。

要把這張卡紙剪出最少的圖形，然後用盡這些圖形重新拼砌成一個正方形（不可以重疊），你知道怎樣做到嗎？

56

難度指數：

限時：

分鐘

下圖中，圖 I 是由 8 塊圖形板拼砌而成的正方形，圖 II 也是由這些圖形板拼砌而成的。

圖 I

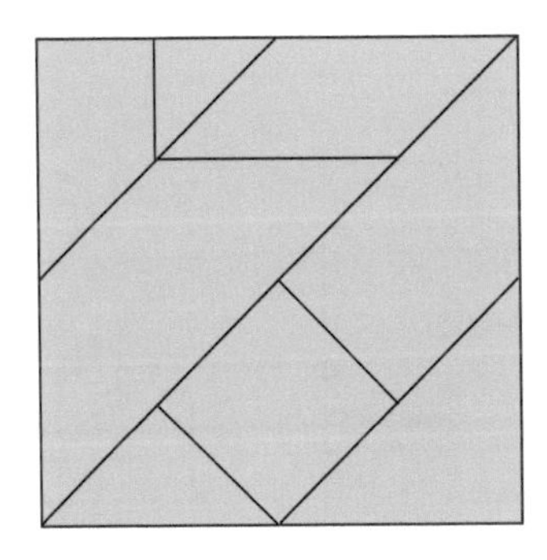

圖 II

你知道是如何拼出來的嗎？

57

難度指數：

限時：03 分鐘

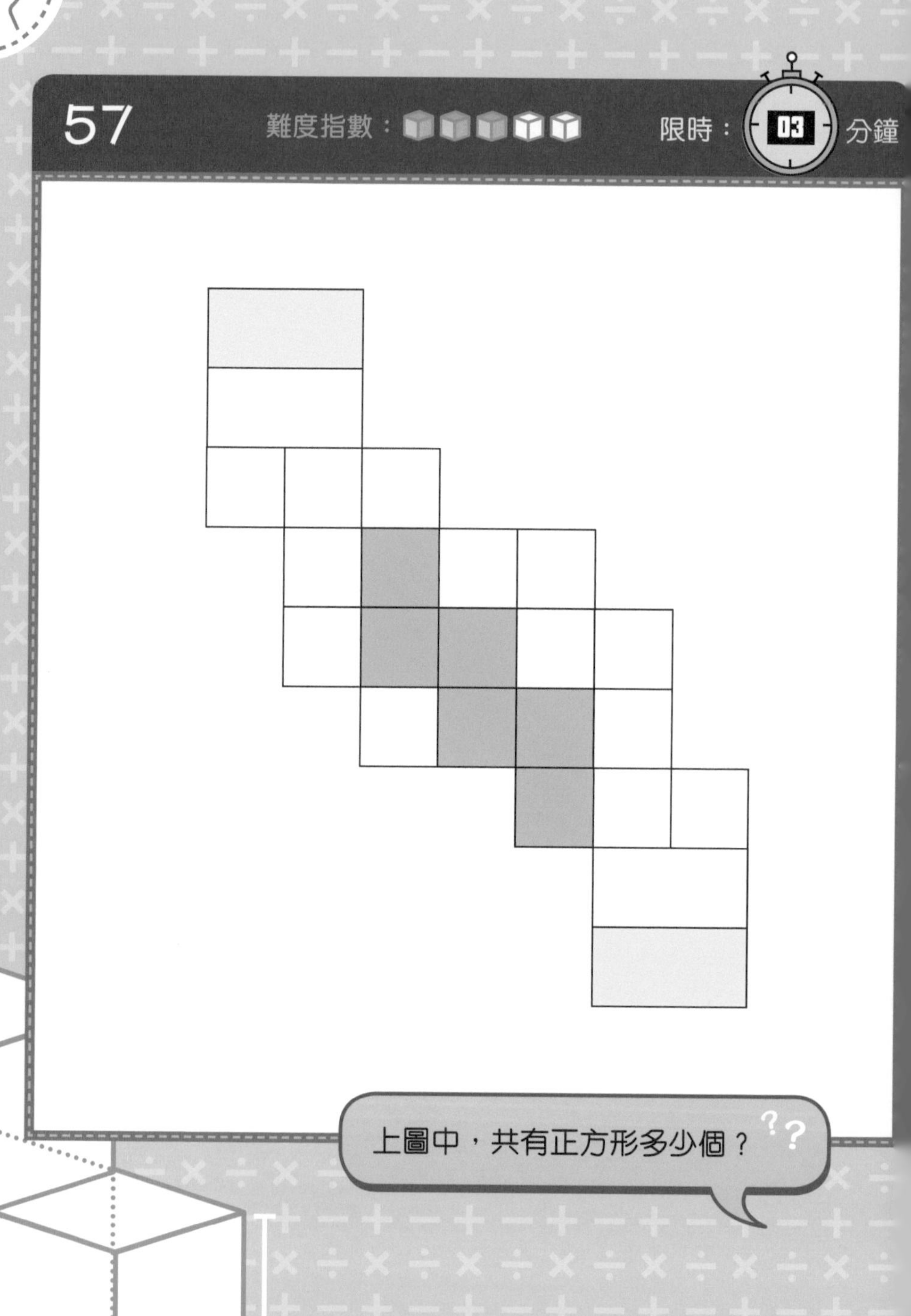

上圖中，共有正方形多少個？

58 難度指數：

限時：

分鐘

要在下面的每個磚塊內填上一個數字，使每一橫行及每一直行磚塊都出現數字 1 至 6。

你知道怎樣填嗎？

59

難度指數：

限時：06 分鐘

框內的 3 張紙牌有一些共同特性。

第一張

2	5	7
4	7	4
7	3	3

第二張

3	6	8
5	5	2
5	4	4

第三張

A

2	4	1
9	6	8
2	5	7

B

4	5	6
7	2	5
2	7	4

C

3	7	3
8	2	5
2	6	6

D

3	8	6
9	4	2
1	7	7

第三張紙牌是 A 至 D 中哪一張？

60　難度指數：

限時：04 分鐘

下面的算式中，、和分別代表不同的數。

 ×  +  = 

×  = 1000

 ×  = ☐

你知道空格內應填上什麼數嗎？

61　難度指數：

小豪從一張正方形卡紙剪出下面 4 張小卡紙。

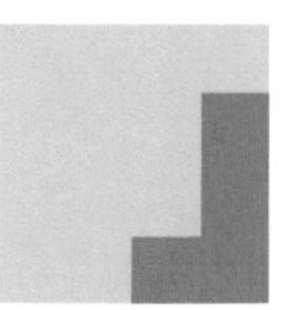

A

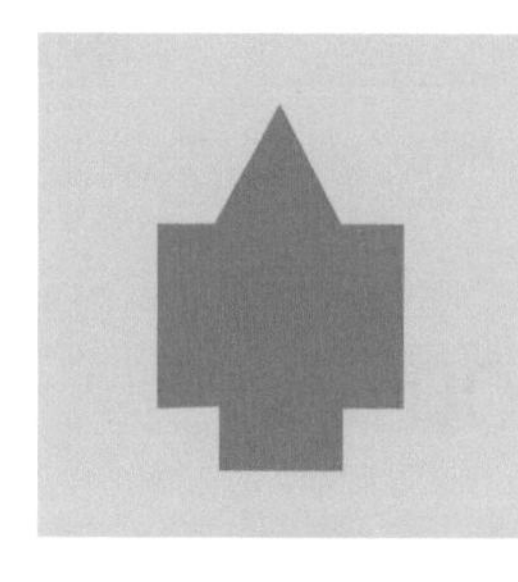

B

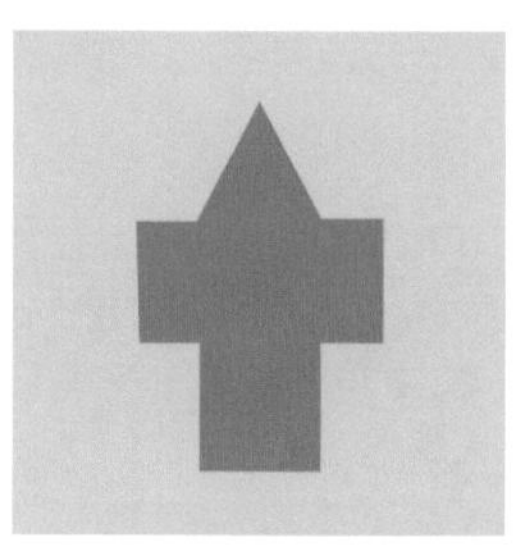

C

D

你知道他是從 A 至 D 中
哪一張卡紙剪出來嗎？

62　難度指數：　限時：分鐘

下面由 6 張凸字形卡紙疊放而成，每張都有 4 個不同顏色的圓形。

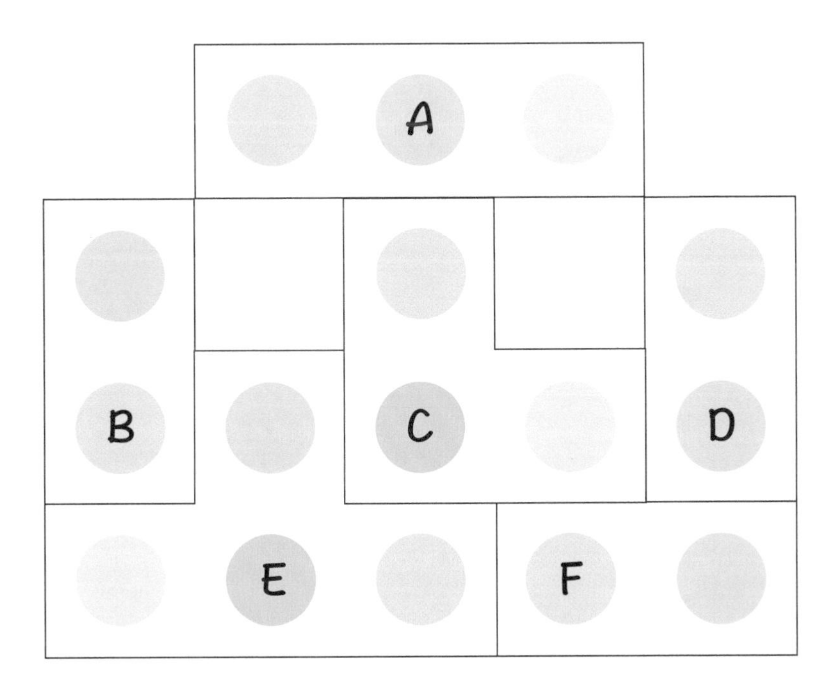

其中兩張卡紙是完全相同的，你看到是哪兩張卡紙嗎？（英文字母只是表示卡紙的代號，不用考慮是否相同）

63

難度指數：

限時：05 分鐘

下面的兩個時鐘中，一個是正常運作，另一個則出錯了。出錯了的時鐘在今天下午某時間開始，每當分針指向「6」時，會停止行走 5 分鐘。

時鐘A

時鐘B

你知道哪一個是出錯了的時鐘嗎？它第一次停止運作是在什麼時間？

64

難度指數：

限時：04 分鐘

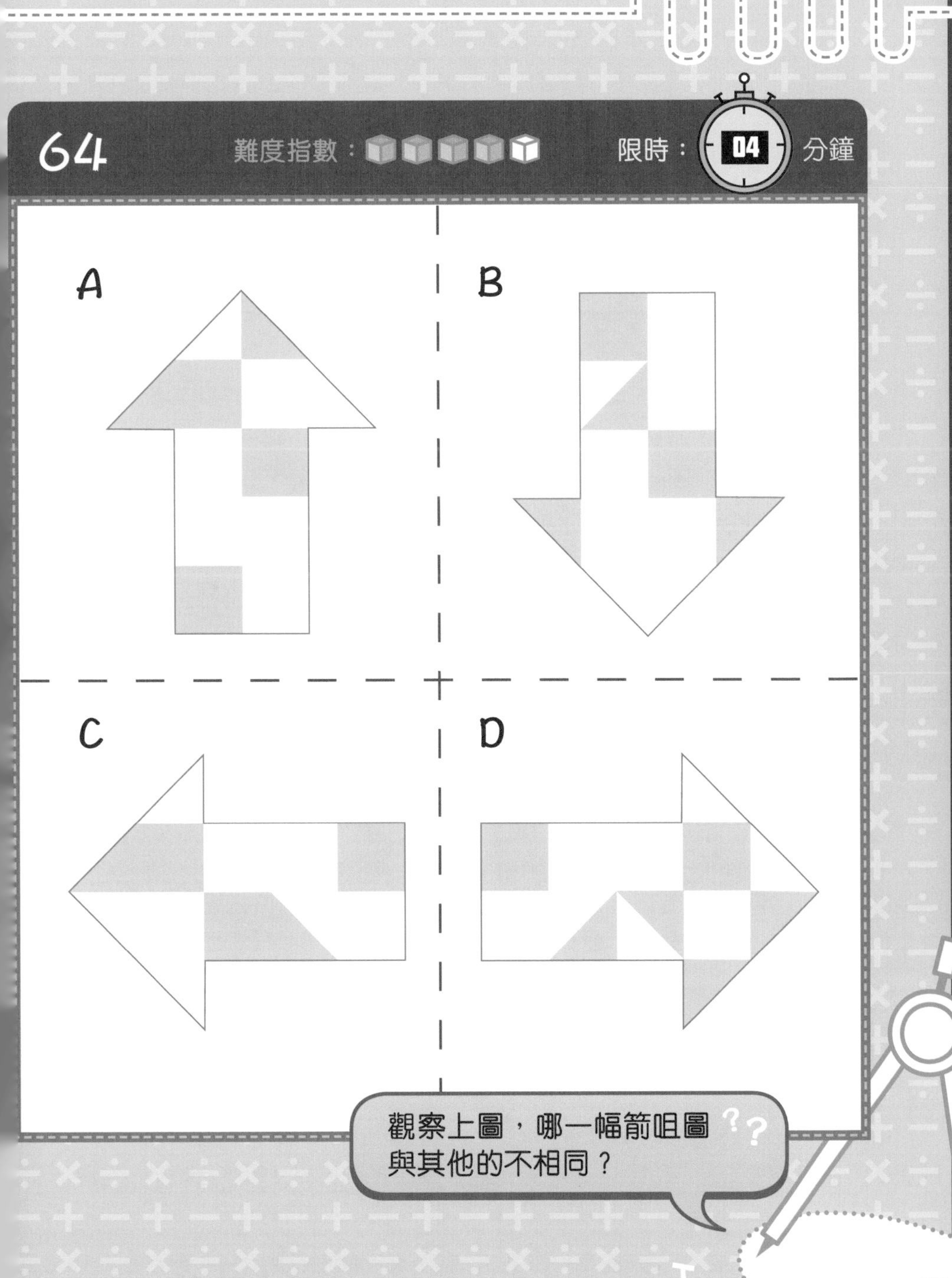

觀察上圖，哪一幅箭咀圖與其他的不相同？

65

難度指數：

限時：

分鐘

下圖是一個長 3 厘米、闊 1 厘米的長方形 A。

A

首先把 3 個長方形 A 如下圖所示重疊起來。

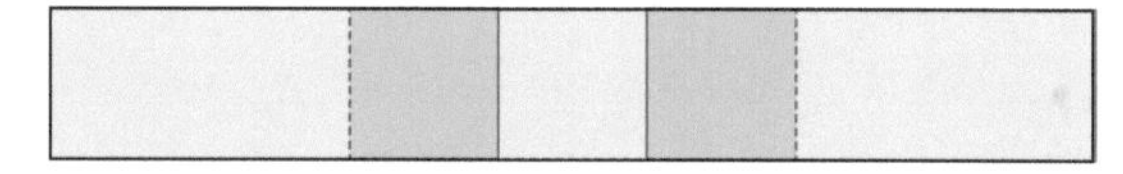

然後繼續以同樣的方式重疊，直至把 50 個長方形 A 重疊起來。

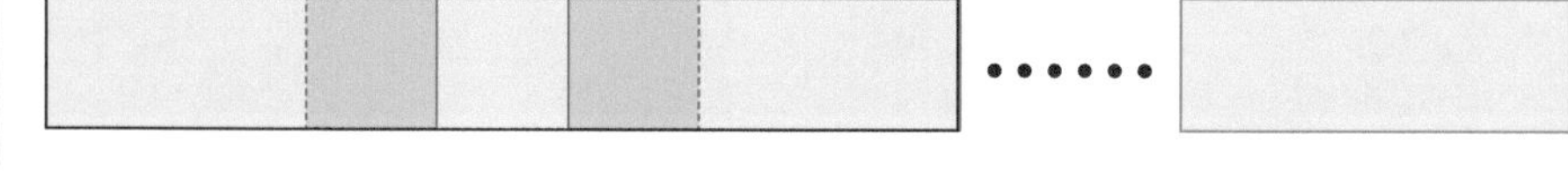

?

整個長方形長多少厘米？

66

難度指數：■■■■□　限時：04 分鐘

下面兩個長方形由 4 張卡紙拼砌而成。

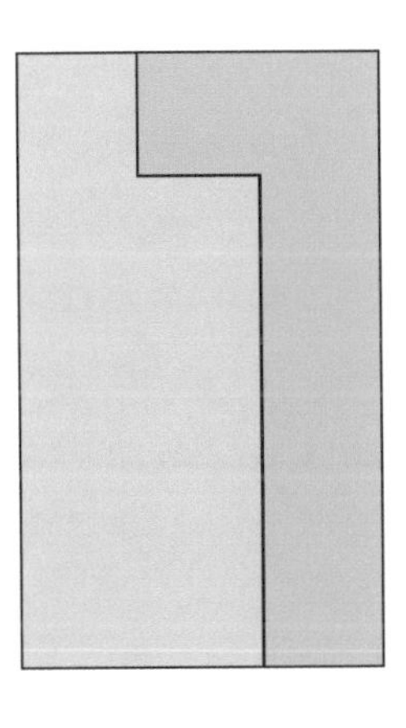

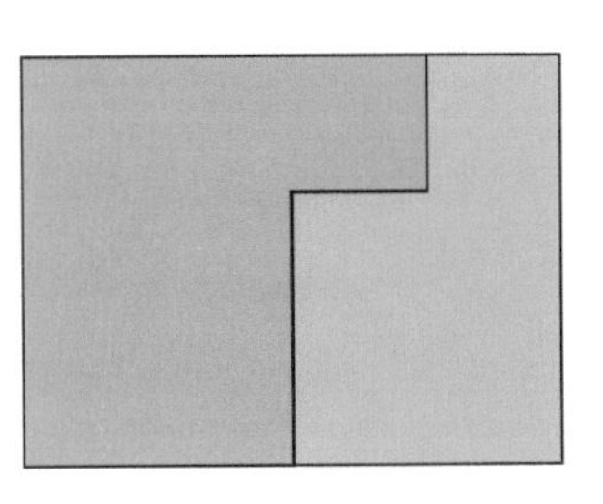

你能夠用這 4 張卡紙，但另一種方法拼砌出兩個長方形嗎？
（圖形不可以重疊）

67

難度指數：

限時：04 分鐘

下圖中，每行左邊 3 幅圖對應最右的一幅圖。

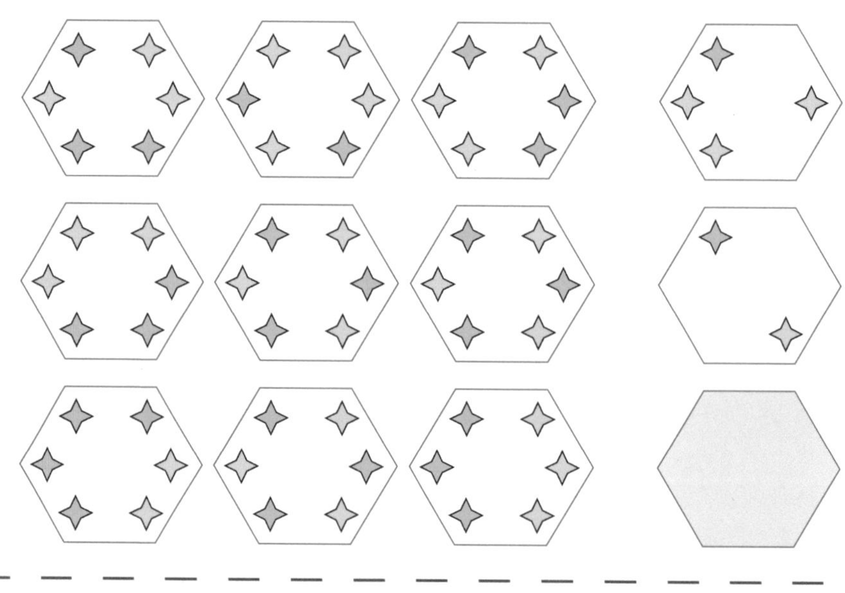

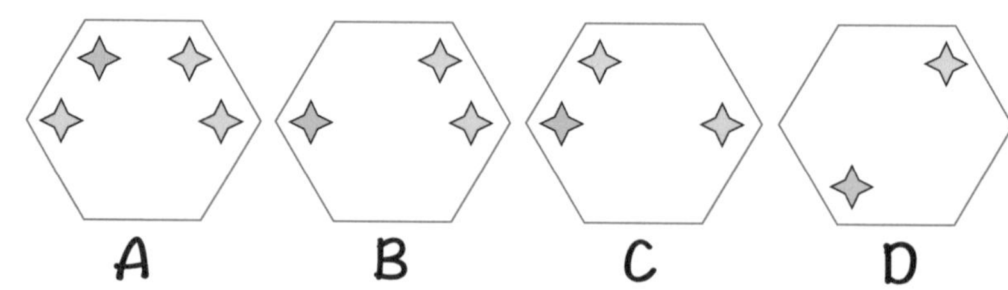

A　　B　　C　　D

你可以從 A 至 D 中找出灰色六邊形的樣子嗎？

68

難度指數：

限時： 分鐘

下面 10 個袋裏共有 800 枚釘子。如果從 A 袋取走 90 枚釘子到 B 袋，又從 B 袋取走 85 枚釘子到 C 袋，又從 C 袋取走 80 枚釘子到 D 袋，依此規律，從 D 袋取走適量釘子到 E 袋，直至從 I 袋取走適量釘子到 J 袋，最後這 10 袋釘子的數量相同。

你知道這 10 個袋各原有釘子多少枚嗎？

69

難度指數：

限時：分鐘

小傑和小雅玩射箭，每人要射 4 次。射中藍色、綠色和黃色區域分別可得 10 分、5 分和 1 分，射不中為 0 分。

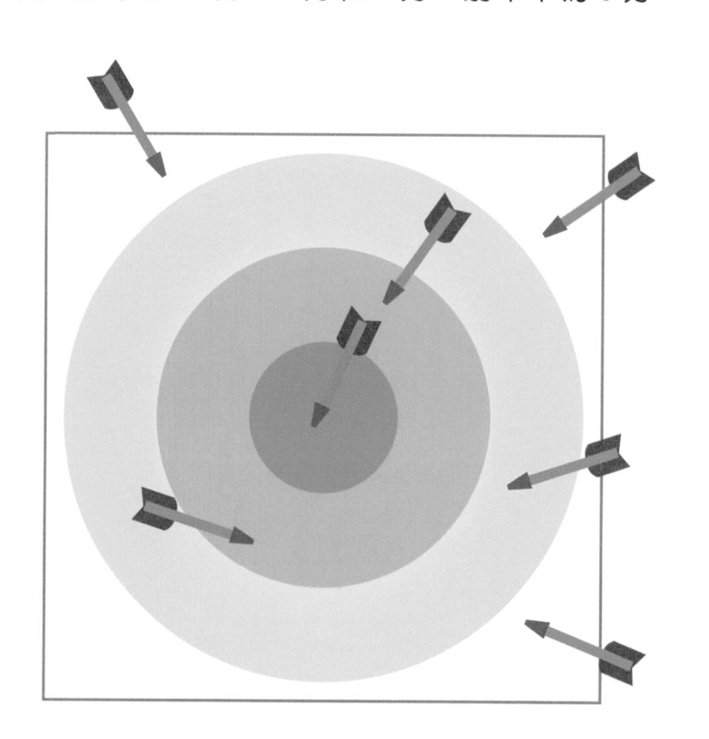

上面顯示的情況是小傑已射出所有箭，小雅準備射最後一次。如果兩人最後所得分數相同，小雅最後一次得多少分？

70

難度指數：

限時：06 分鐘

要在下面的 6 × 6 方格中，填上「J、O、Y、F、U、L」，使每一橫行、每一直行以及每個着色部分都有這 6 個英文字母。

JOYFUL

	U			Y	
	O		L		
O			J		F
		U			
	J		U		
		Y			O

你知道應怎樣填嗎？

71

難度指數：

限時：08 分鐘

一位老師有分別寫着 1 至 8 的 8 張紙牌。他把這 8 張紙牌分給 4 個學生，每人兩張。各學生根據自己紙牌上的數字，有以下的回應。

A：我把兩個數字相加的結果是 7。

B：我把兩個數字相乘的結果是 6。

C：我把兩個數字相減的結果是 4。

D：我把兩個數字相除的結果是 2。

你知道各個學生分別得到哪兩個數字的紙牌嗎？

72 難度指數： 限時： 05 分鐘

要把下圖分成 4 個形狀和大小都相同的圖形。

你能夠做到嗎？

73

難度指數：■■■■□　限時： 07 分鐘

下面是 4 個小孩分別買的一些文具。

小孩 A

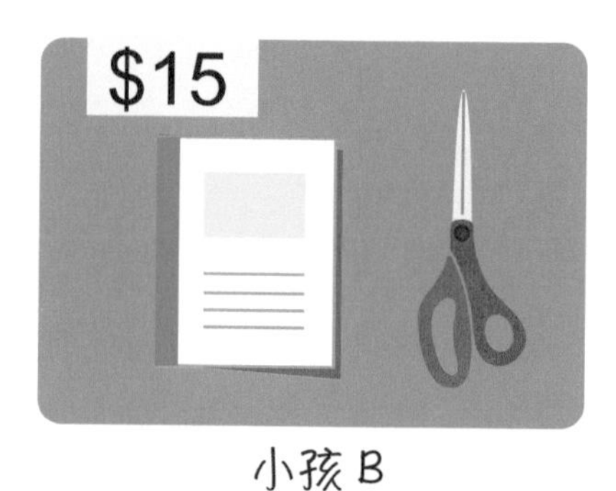

小孩 B

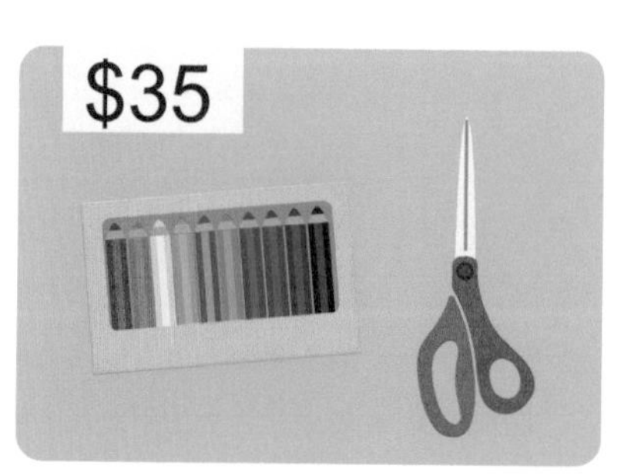

小孩 C

小孩 D

你知道小孩 D 付了多少元嗎？

74　難度指數：　限時：分鐘

小敏和同學們要摺出指定數量的紙領帶，她們打算每人摺出 15 個，但欠缺 6 個。如果改為每人摺出 16 個，又多出 4 個。

小敏的同學有多少人？她們要摺出紙領帶的指定數量是多少個？

75

難度指數：

限時： 分鐘

根據上面 4 個盆栽中花兒和盆子上那些數的關係，你知道餘下兩個盆栽的盆子上應填上什麼數嗎？

76

難度指數：

分鐘

下面是一道不正確的算式。

$$8+8+8+8+8+8=880$$

要使這算式成立，但只可把其中一個「8」或「+」改為其他數字或運算符號，你能夠做到嗎？

77

難度指數：　限時：

分鐘

一間外語中心訪問了一間小學的學生，並做了一份調查報告，內容如下：

有興趣學韓語的人數：156 人
有興趣學日語的人數：105 人
有興趣學韓語和日語的人數：98 人
沒有興趣學韓語和日語的人數：12 人

這次調查訪問了學生多少人？

78

難度指數：

限時：05 分鐘

4	5	9
23	24	28
2	3	7

第一個

6	7	11
19	20	24
8	9	13

第二個

8	9	13
15	16	20
14	15	19

第三個

第四個

觀察上面首三個番茄內的數，你知道第四個番茄內的 9 個格應填上什麼數嗎？

79

難度指數：

限時：

分鐘

下圖中，每袋相同的零食重量相同，而三組零食的總重量都相同。

A   

B     

C    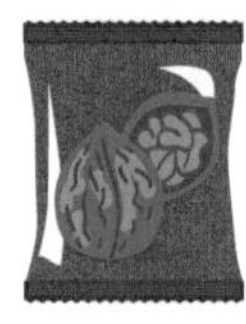

1 袋 的重量相等於多少袋  的總重量？

80

難度指數：

限時：

分鐘

+ 3 6 5 +
2 + 7 + 4 1

[ ] =100

[ ] =100

[ ] =100

用上面的數字及「＋」可組成至少 3 道結果是 100 的不同算式。你能把想到的算式寫出來嗎？

81

難度指數：

限時：10 分鐘

小神仙算一算，然後把一些數字填在下表中。

1	2	3	3	2	1
4	2	1	3	1	4
1	4	2	2	1	4
4	8	▲	8	2	◆

＋－×÷？

你知道▲和◆分別代表哪一個數字嗎？

82 難度指數：■■■■□ 限時：10 分鐘

下面由大小相同的長方形木塊拼砌而成，每個木塊都有 2 個圖形，而且每個木塊都不一樣。

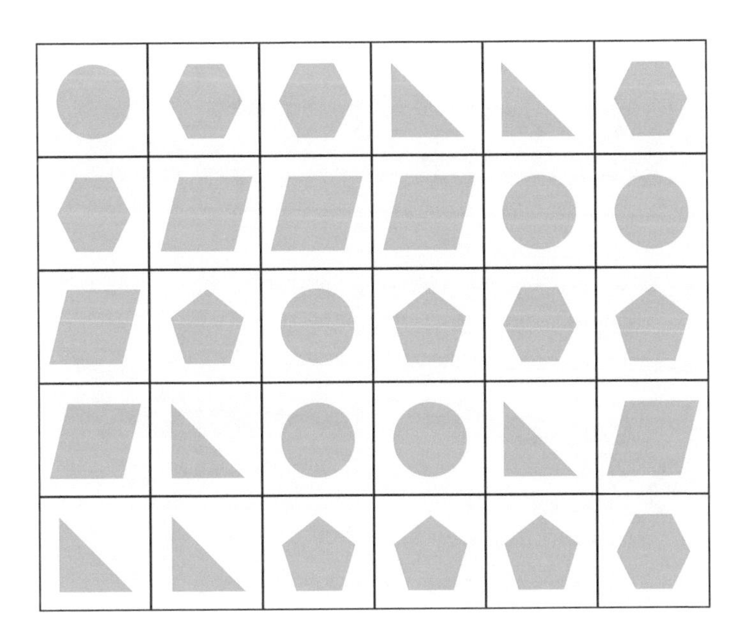

你能夠把全部木塊找出來嗎？

83

難度指數：

限時：10 分鐘

小雞和小兔玩算式接龍遊戲。小雞負責出數字卡，小兔負責出運算符號卡，他們出的卡均沒有重複。算式依卡的次序運算，結果得出 10。

7  3  9  2  4

你知道小兔所出的卡順序是什麼嗎？

84

難度指數：

限時：06 分鐘

下面是一道錯誤的算式，但只要移動其中 2 枝牙簽，便能夠使算式成立。

90-41=67 ✗

你知道正確的算式是什麼嗎？

85

難度指數：

限時： 08 分鐘

從下圖中的藍色方塊起步，使經過的數字及符號可以組成一道結果正確的算式，而每個方塊只能走一次。

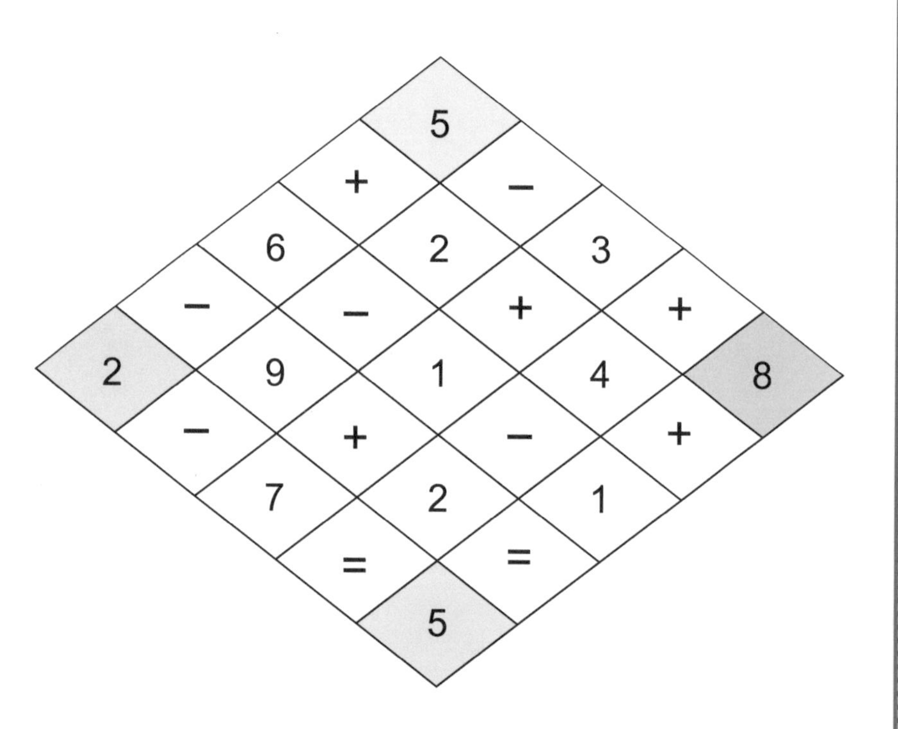

你能夠想出正確的路線嗎？

86 難度指數： 限時：12 分鐘

下圖中，三種顏色的菱形分別代表不同的數。圓形內的數是各組菱形代表的總和。

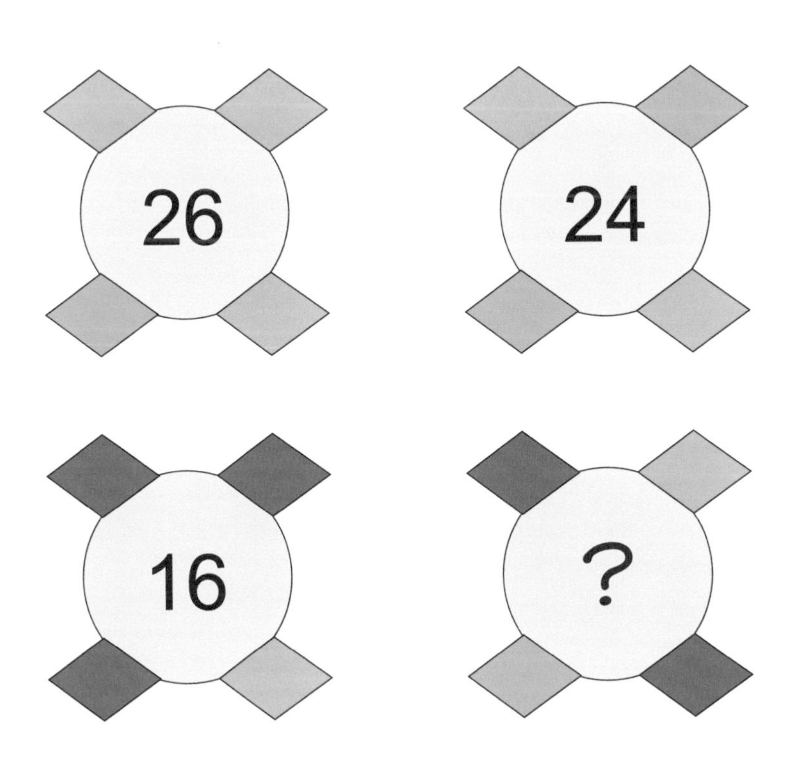

最後一組菱形代表的總和是多少？

87

難度指數：

限時：10 分鐘

下圖中，兩個天平上放了相同的圓柱體和正方體。

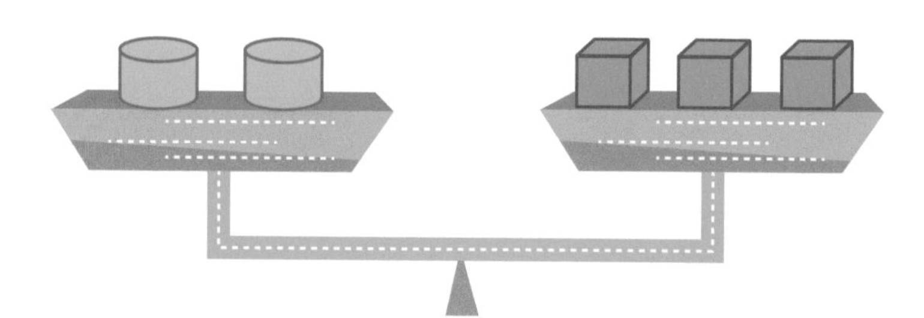

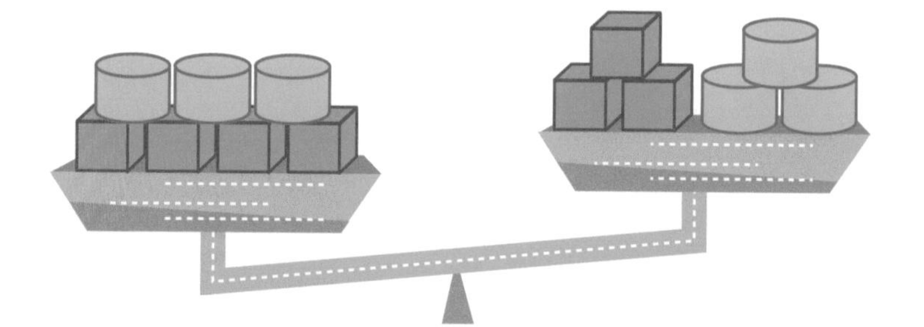

要使第二個天平的兩邊平衡，而兩邊的立體總數量維持不變，最少應如何移動這些立體？

88

難度指數：

限時：

分鐘

下面方格卡中的數有關聯。

9	1	0	3	3
2	8			4
3	9			7
5	5	7	8	4

A

1	5
6	1

B

4	2
6	1

C

4	5
6	3

D

4	5
8	5

E

4	7
6	3

缺去的一部分應是哪些數？從
A 至 E 中找出最適當的答案。

89

難度指數：

限時： 分鐘

現在只有一個天平，一個 6 克砝碼和一個 8 克砝碼。一位茶品師只秤了兩次，便將 90 克茶葉分成 36 克和 54 克。

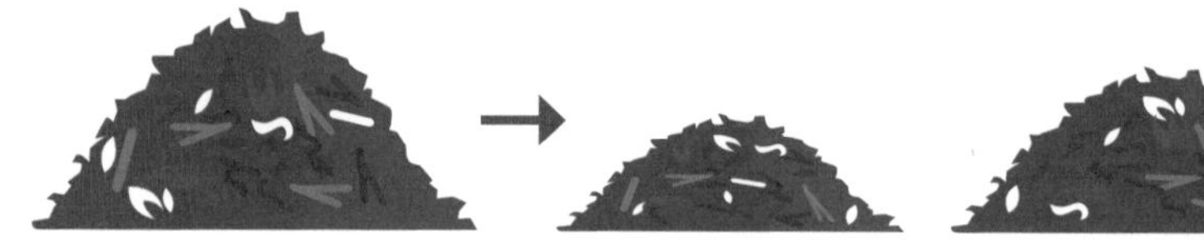

你知道他是怎樣做到的嗎？

90

難度指數：

限時：08 分鐘

下面有 11 個正方形，它們都是由 4 × 4 方格組成。

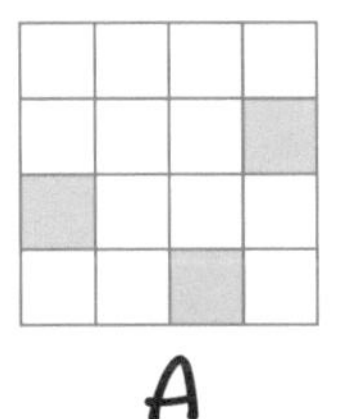

A

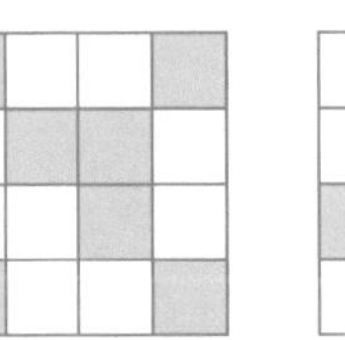

B

C

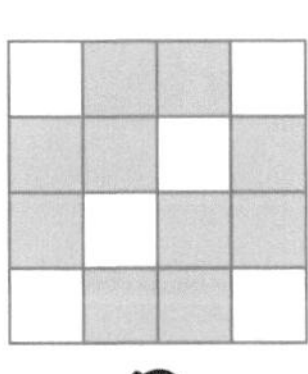

D

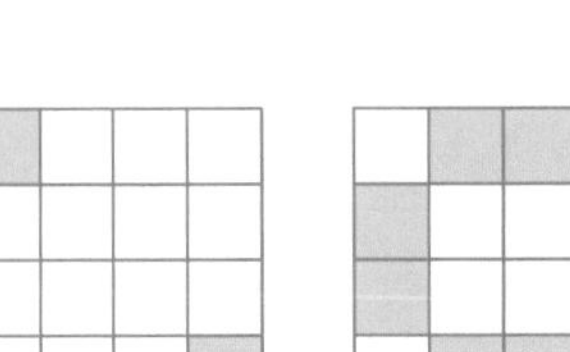

E

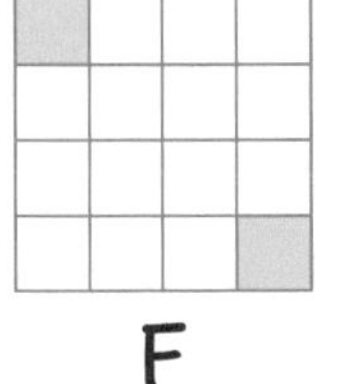

F

G

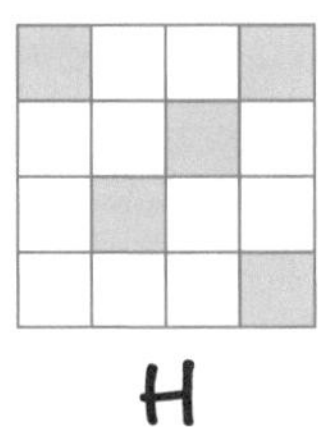

H

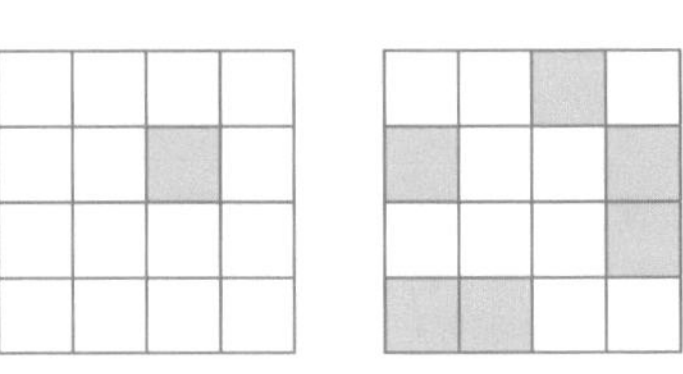

I

J

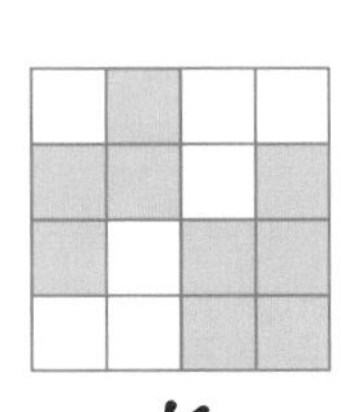

K

其中 10 個正方形可以配成 5 對，你能夠找出這 5 對正方形嗎？

91

難度指數：

限時： 10 分鐘

小豬和小羊玩算式接龍遊戲。小豬負責出運算符號卡，小羊負責出數字卡，他們出的卡均沒有重複。算式依卡的次序運算，結果得出 4。

你知道小豬出的第二張和第四張卡是什麼嗎？小羊出的第三張卡又是什麼？

92

難度指數：

限時： 分鐘

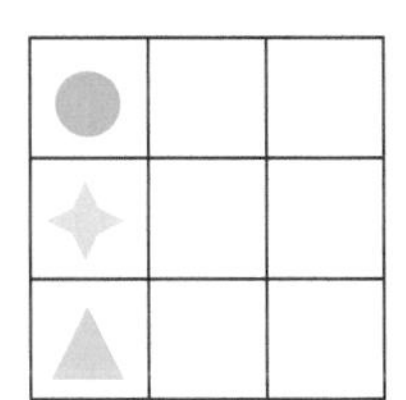
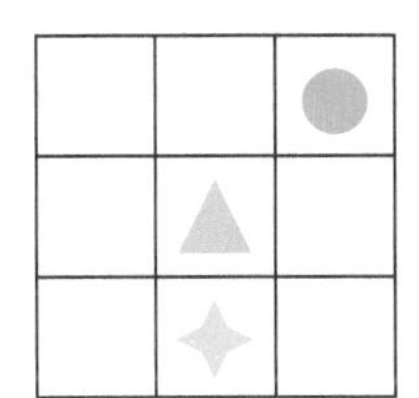
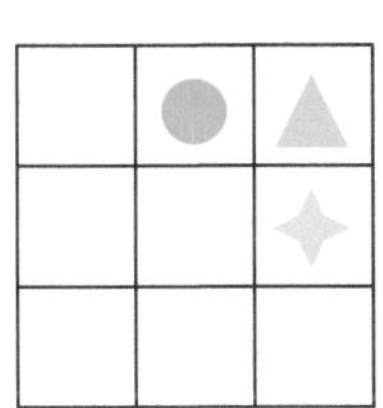
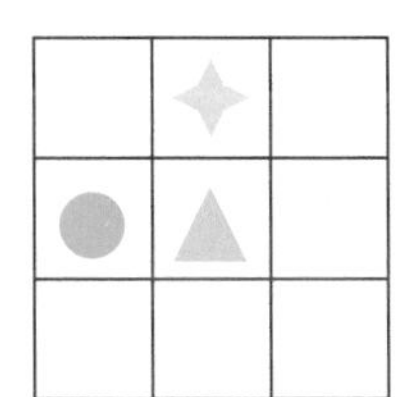
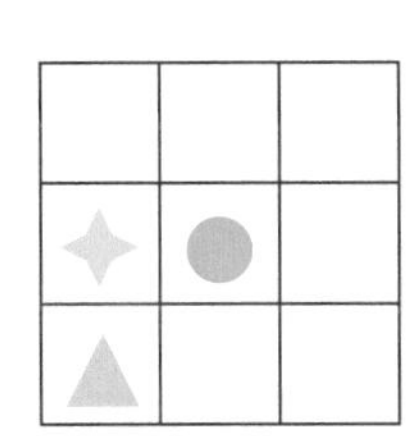
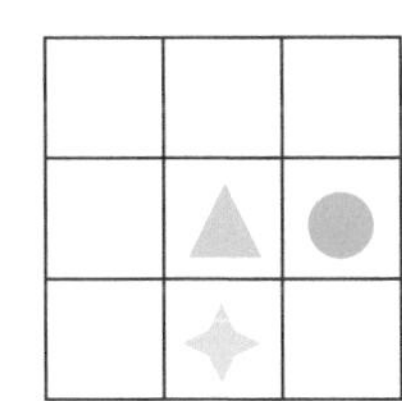
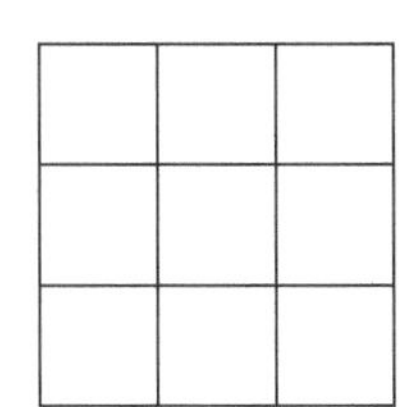
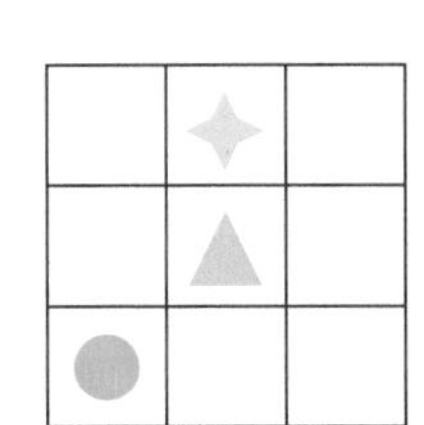
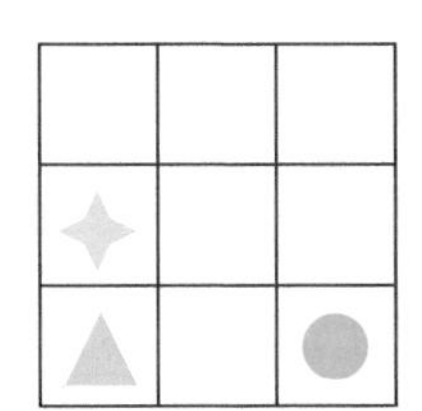

觀察上面方格中的 3 個圖形變化，你知道這 3 個圖形在左下角的方格中應在什麼位置嗎？

93

難度指數：

限時：

分鐘

以橫行和直行觀看，下面包含 6 道連加算式，每個英文字母分別代表不同的數字，其中最大的數值是 8。

A	D	C	10
B	A	D	13
C	E	B	20
16	12	15	

你能夠找出每個英文字母分別代表哪一個數字嗎？

94

難度指數：

限時：

分鐘

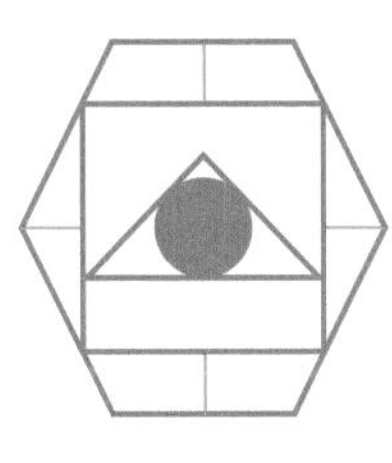

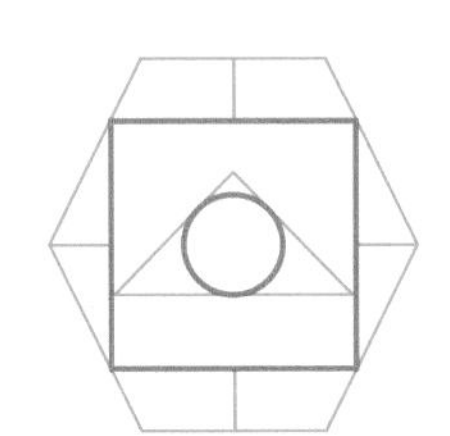

A 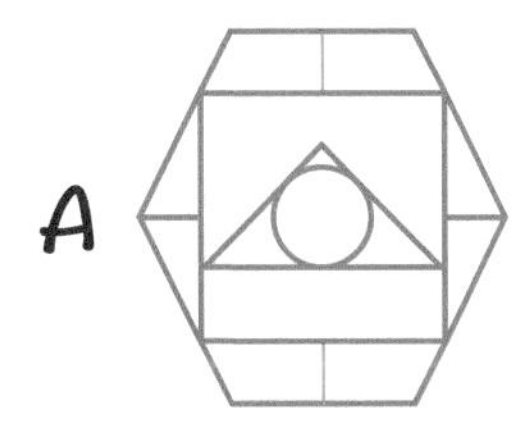

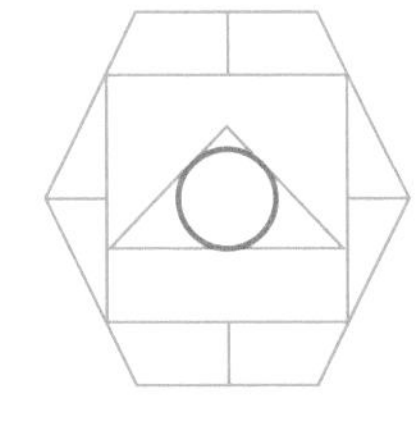

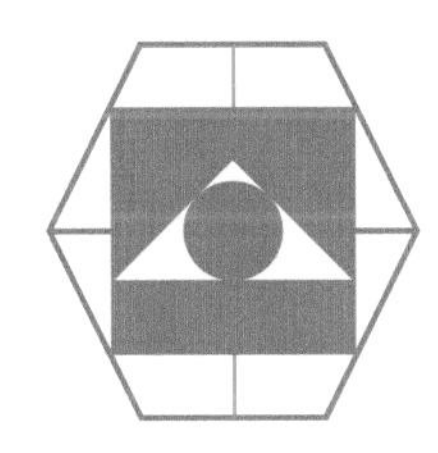

B 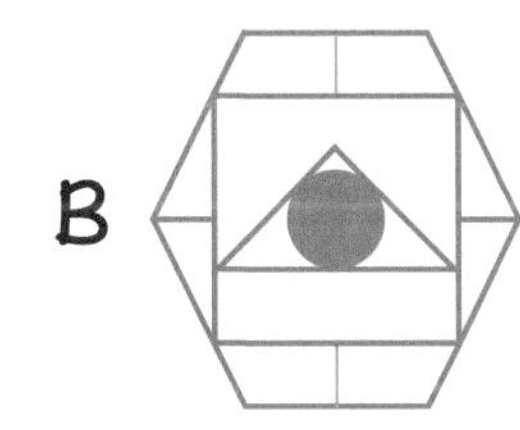

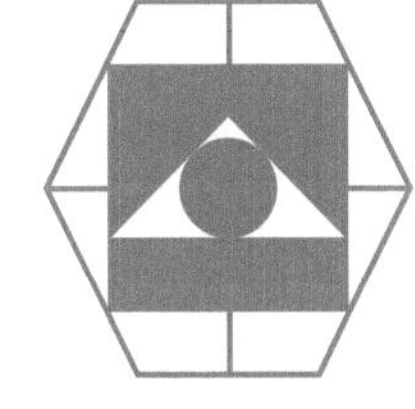

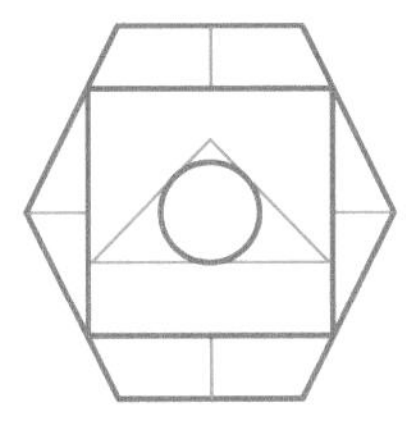

C 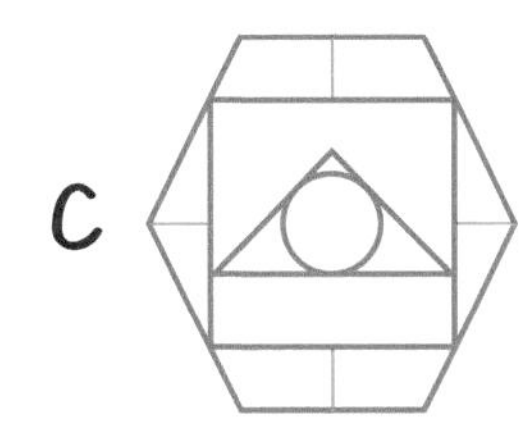

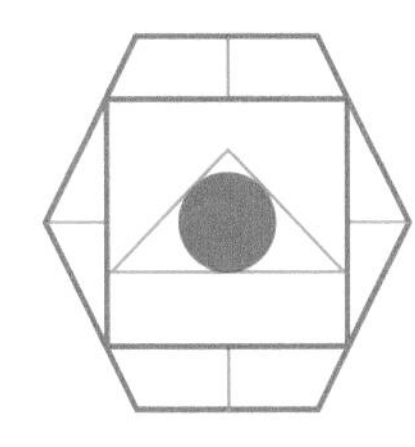

D 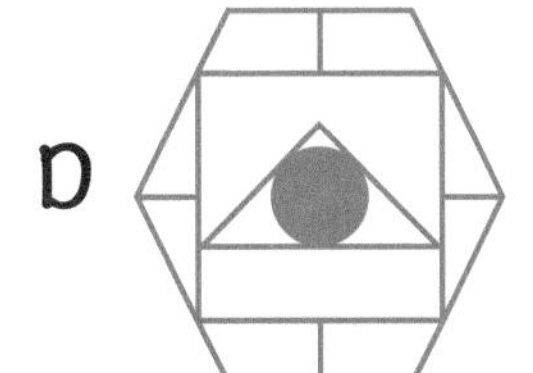

觀察左面各圖，「？」應是A至D中哪一幅圖？

95

難度指數：

限時：

分鐘

下圖中，有 5 種不同的圖案。

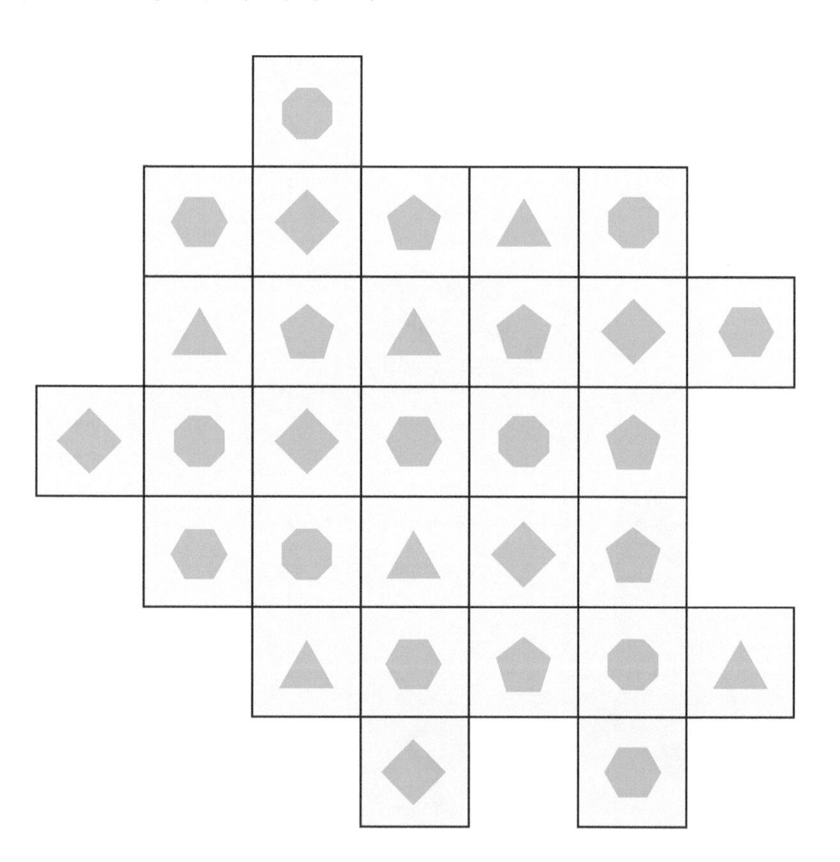

如果要把它分成相同形狀的若干份，且每份都包含各種圖案，你知道應怎樣做嗎？

96

難度指數：

限時：

分鐘

下面的兩道橫式中，A、B、C 和 D 分別代表 0 至 9 中的 4 個不同數字。

AAA + A + A = ABA

CBC + B + C = CDC

應先找出哪一個英文字母所代表的數字？

你知道 A + B + C + D 等於多少嗎？

97 難度指數： 限時：  15 分鐘

觀察下面便條紙的變化。

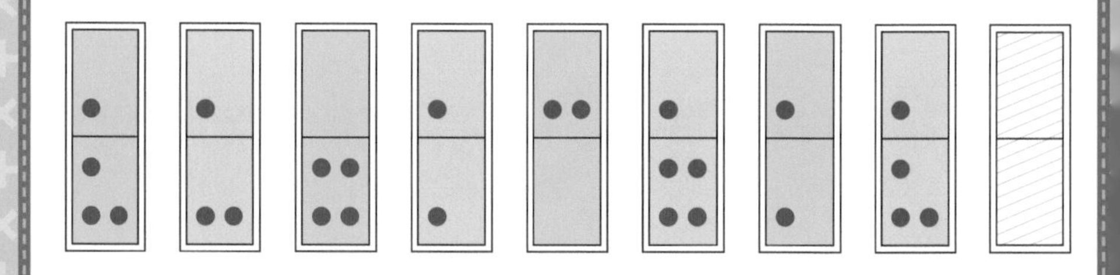

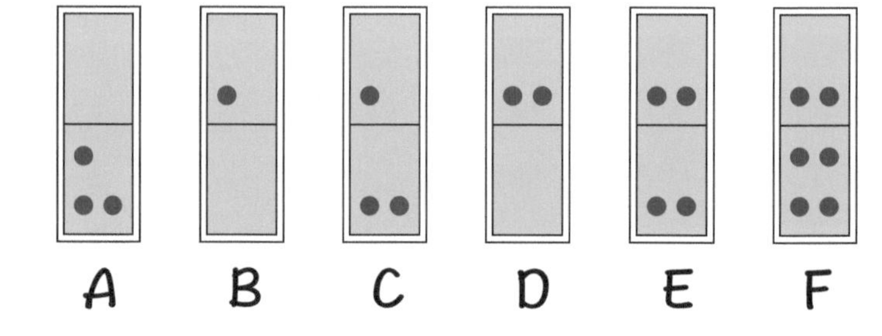

最右的一張應是 A 至 F 中哪一張？

98

難度指數：

限時：15 分鐘

下面的直式中，每種水果分別代表一個 0 至 9 中不同的數字。

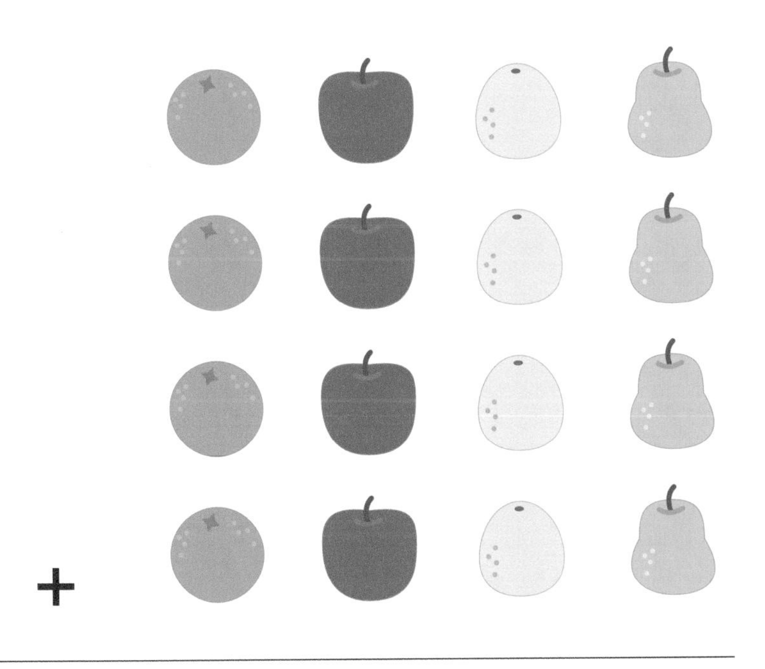

各種水果分別代表什麼數字？

99

難度指數：

限時：15 分鐘

一張卡紙上有 9 幅相同的圓圈圖，每個圓圈原本都是白色。畫家依規律添加她最喜愛的紫色。

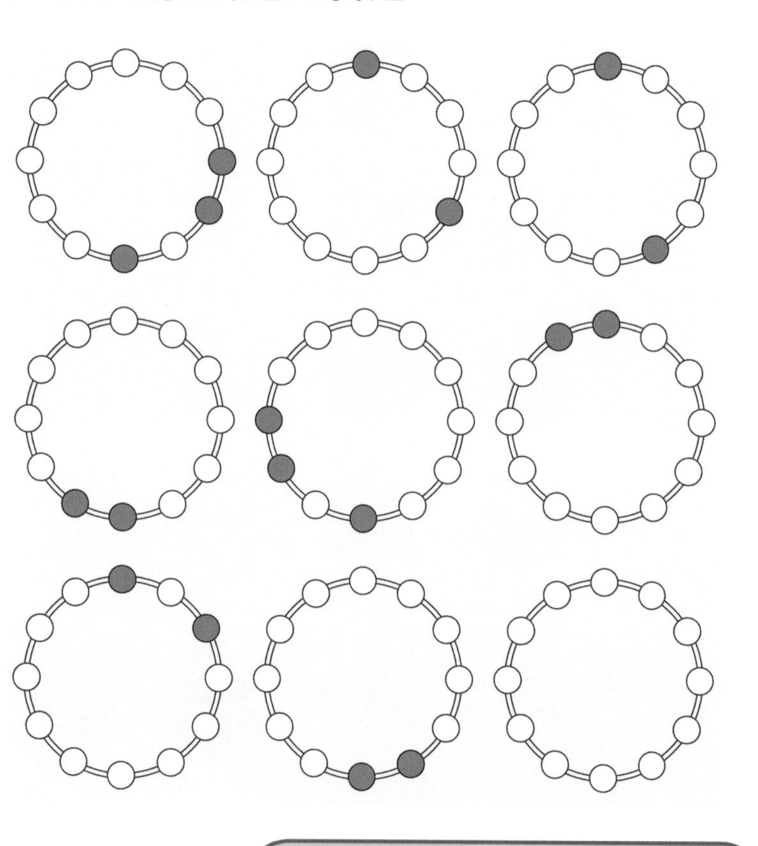

在右下角的一幅圓圈圖中，你知道哪些圓圈是紫色嗎？

100 難度指數：■■■■■ 限時：15 分鐘

操場上有 A、B、C、D、E、F 共 6 個學生，他們分別就讀 3 班，每班各有 2 人。這 6 個學生參加了不同的課外活動。

① D 參加籃球隊。
② C 不是參加朗誦隊和棋藝隊。
③ F 與參加足球隊的同學同班。
④ 與 B 同班的同學參加棋藝隊。
⑤ C 和同班的同學都不是參加足球隊。
⑥ E 不是參加童軍隊，同班的同學參加球類活動。
⑦ 參加合唱隊的不是與 A 同班，也不是與 D 同班。

細閱上面的資料，你知道哪兩個學生同班嗎？各個學生參加的課外活動是什麼？

答案

1. 5分鐘

2. 一樣長

3. 小狗A：6歲；小狗B：9歲；小狗C：7歲

4. 小孩A：巧克力；小孩B：糖果；小孩C：魷魚絲；小孩D：薯片

5. 3次

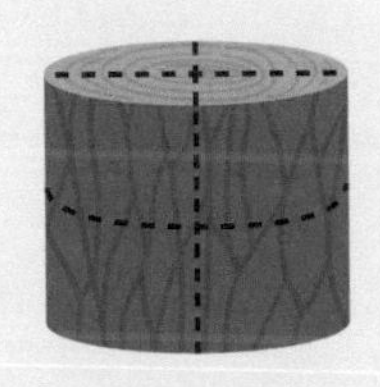

6. 27人

7. A

8.

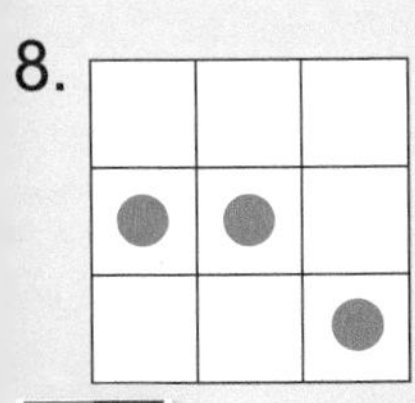

大腦筆記

從左上那一幅圖開始，順時針轉90°。

9. D

10. 從左邊移動1個2g的砝碼到右邊，同時從右邊移動1個5g的砝碼到左邊。

11. ▲代表36，◆代表54。

12. 120元

13. A

14. E

15. B和D

16. A

17. 從圓形草圃搬移5個紅蘿蔔到正方形草圃。

18. （答案只供參考）

19. 中間的數是7；其他的數順時針是：3，5，6，2，13，4，11，9，8，12，1，10

20. 3次

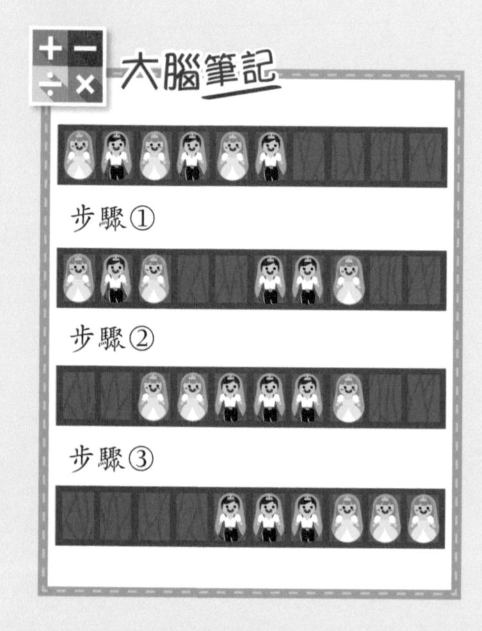

21. 這個動物村莊共有雞71隻，共有豬69隻。

22. 燈泡⑮

23. (答案只供參考)

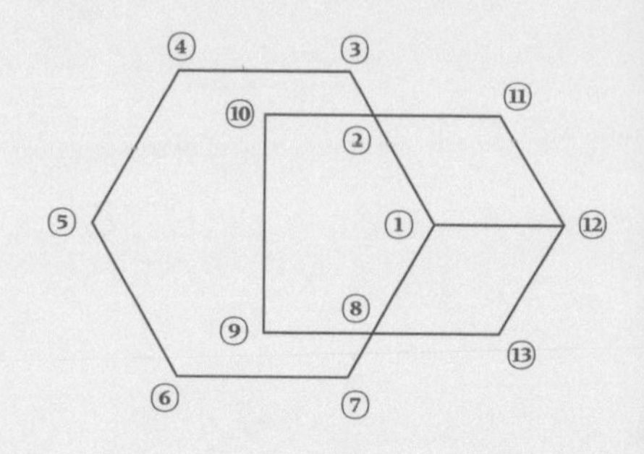

①→②→③→④→⑤→⑥→⑦→⑧→⑨→⑩→②→⑪→⑫→⑬→⑧→①→⑫

24. 三哥還給二哥50元。

25. 81 ÷ 9
27 ÷ 3
54 ÷ 6

26. C

27.

28. 先同時使用兩個沙漏，待6分鐘的沙漏漏完，表示10分鐘的沙漏還有4分鐘才漏完。這時開始計時，到4分鐘漏完後立即倒轉沙漏，重新計10分鐘，最後便可合計出14分鐘。

29. 68個

大腦筆記

第三幅圖：26個
第四幅圖：26 + 12 = 38（個）
第五幅圖：38 + 14 = 52（個）
第六幅圖：52 + 16 = 68（個）

30. 10時20分

31.

6	1	8	0	2	3	7	8	1
1	7	4	2	7	3	8	5	6
8	2	3	3	3	5	2	3	6
3	7	2	7	8	7	8	7	1
8	1	6	7	3	4	3	2	8
6	8	3	8	6	7	2	8	8
8	0	1	2	7	8	7	1	3
1	6	6	2	3	7	1	6	1
6	2	3	7	8	1	6	9	2

32. A、C、D和E

33. ：2　：4

：5　：1

：5

34. 5票

35.

36.（答案只供參考）

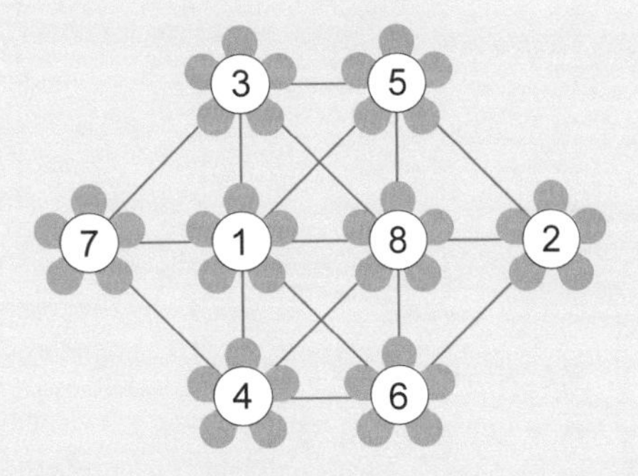

37.

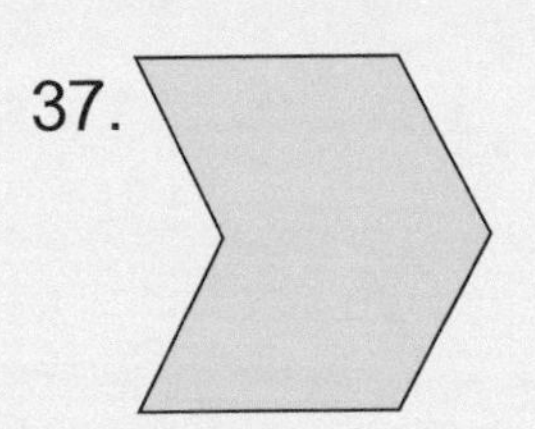

38.

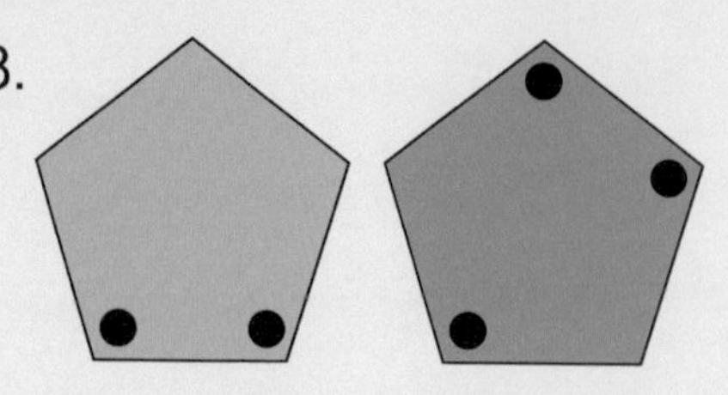

39. 40

大腦筆記

剔除最大的和最小的兩個數，然後把餘下的兩個數相乘。

40.

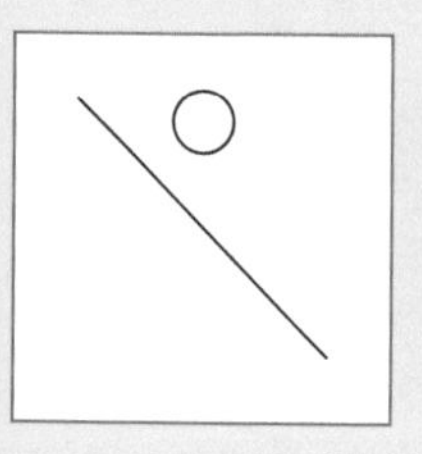

41. C

大腦筆記

圖C中兩個圖形有 6 個相交點，而其他的只有 4 個。

42. B和F

43. 先用12粒鈕扣排成每邊有5粒鈕扣的三角形，如下圖：

然後把餘下 3 粒鈕扣重疊放在三角形的每個角上。

44. E

大腦筆記

圖形E是九邊形，而其他的都是十邊形。

45.

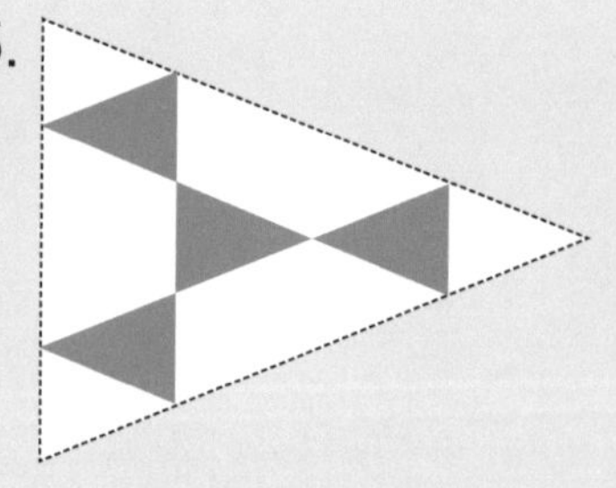

46. B、E和F

47. 32

大腦筆記

從左上角的「2」開始，沿↙↗行進，規律為：加上一個3的倍數（遞增）。

2	11+9=20	47+18=65
2+3=5	20+12=32	65+21=86
5+6=11	32+15=47	86+24=110

48. 19

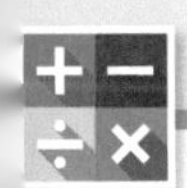

大腦筆記

1 + 2 + 4 = 7
3 + 5 + 9 = 17
2 + 3 + 6 = 11
4 + 6 + 9 = 19

49. 6→11→14→15→18→20→23→28→29→33

50. 8天後

51.

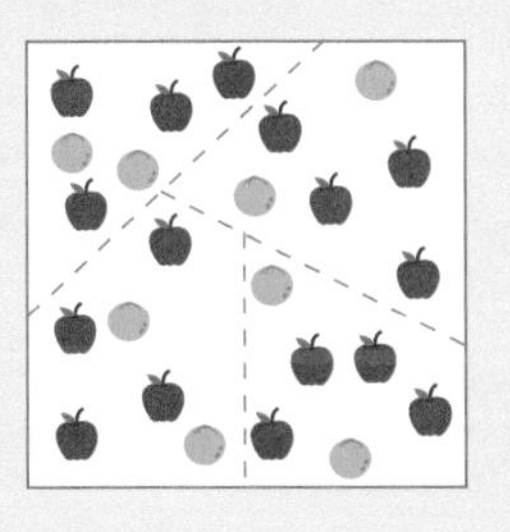

52. X代表⬢；
Y代表△。

53. 36

54. 481

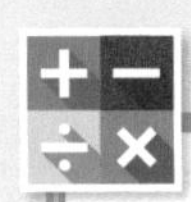

大腦筆記

以8648134的順序循環，從最上面「864」開始每3個數字出現。

55.

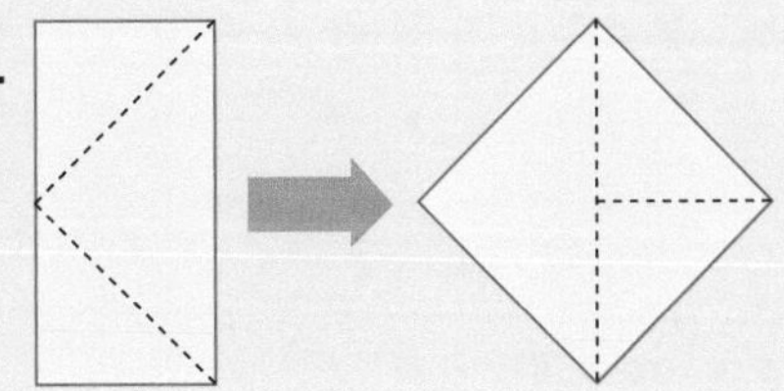

56.

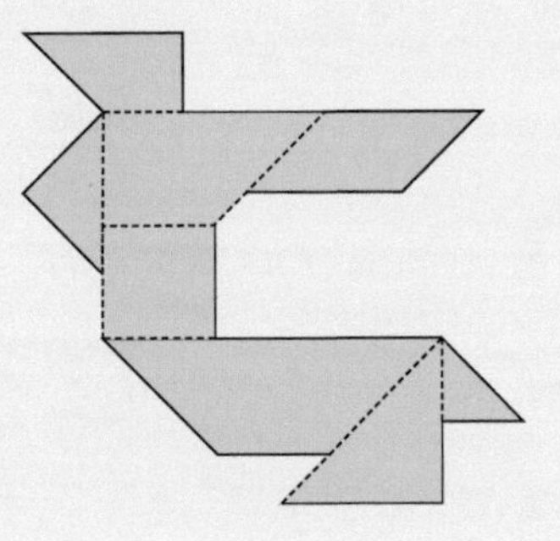

57. 32個

58.

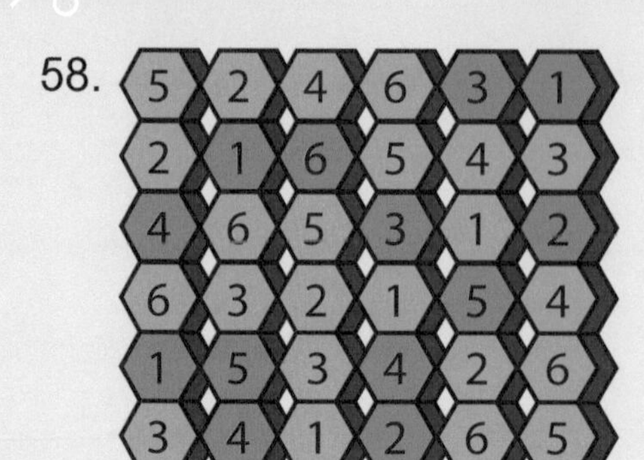

59. C

大腦筆記

第一直行的3個數之和是13；第二直行的3個數之和是15；第三直行的3個數之和是14。

60. 0

大腦筆記

從第一道算式，得知  和 必定至少一張代表0；從第二道算式，得知 不代表0，因此 必定代表0；所以第三道算式的結果是0。

61. B

62. A和D

63. 時鐘A；2時30分

64. B

大腦筆記

在A、C和D中，着色部分佔全圖的多少相等。

65. 101厘米

大腦筆記

每增加一個長方形，整個長方形會增加2厘米。

把50個長方形A重疊起來，即增加了：$49\times2=98$（厘米），所以整個長方形長：$3+98=101$（厘米）。

66.

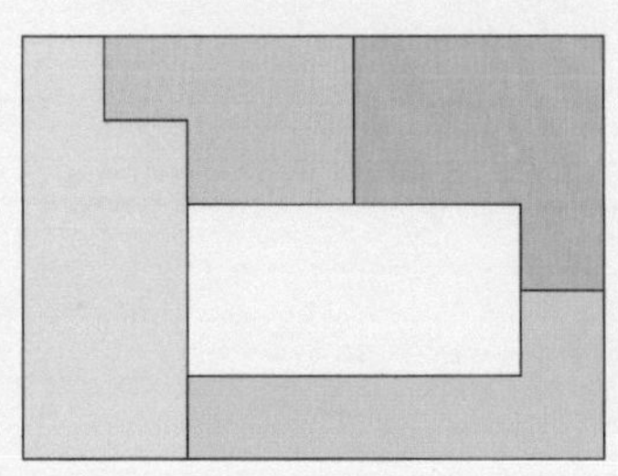

67. B

根據每行左邊三幅圖中同一位置的星星顏色，如3個星星的顏色相同，該位置就沒有星星；否則，該位置的星星就跟數量較多的那一種顏色。

68. A袋原有釘子170枚，B袋至I袋原有釘子75枚，J袋原有釘子30枚。

大腦筆記

A − 90 = B + 5
= C + 5 = D + 5
= E + 5 = F + 5
= G + 5 = H + 5
= I + 5 = J + 50
= 80

69. 1分

70.

L	U	F	O	Y	J
Y	O	J	L	F	U
O	Y	L	J	U	F
J	F	U	Y	O	L
F	J	O	U	L	Y
U	L	Y	F	J	O

71. 學生A：2和5
學生B：1和6
學生C：7和3
學生D：8和4

72.

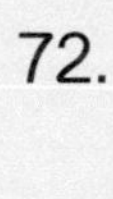

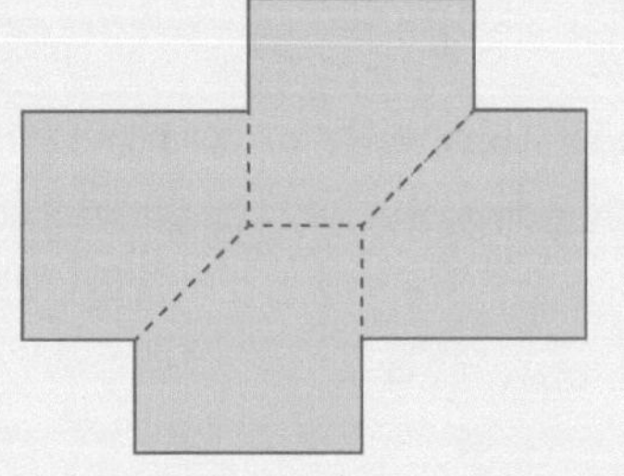

73. 45元

大腦筆記

小孩A、B和C合共買了各種文具兩件，共付了：
40 + 15 + 35 = 90（元）

小孩D買了各種文具一件，所以付了：
90 ÷ 2 = 45（元）

74. 小敏的同學有9人；她們準備摺的紙領帶數量是156個。

大腦筆記

由欠缺 6 個變成多出 4 個，所以摺領帶的人數是：
6 + 4 ＝ 10（人），即小敏的同學有 9 人。

現有10人，每人摺出15個，共摺出150個，但欠缺6個，所以她們要摺出紙領帶的指定數量是156個。

75. 盆栽「6，3」：24；
盆栽「11，8」：99。

大腦筆記

先把兩個數相乘，然後加上較大的數。

76. 把其中一個「＋」改為 4。

77. 175人

大腦筆記

156 ＋ 105 － 98 ＋ 12
＝ 175（人）

78.

10	11	15
11	12	16
20	21	25

大腦筆記

第一橫行各數加 2；
第二橫行各數減 4；
第三橫行各數加 6。

79. 4袋

從A組和B組零食，得知1袋

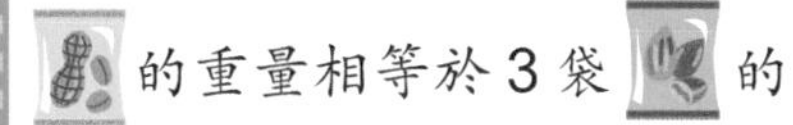

的重量相等於3袋的總重量。

所以B組零食的總重量相等於

7袋的總重量。

從上面的結果和C組零食，得

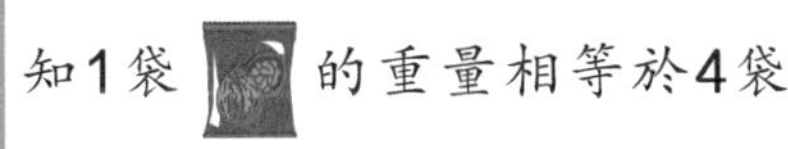

知1袋的重量相等於4袋

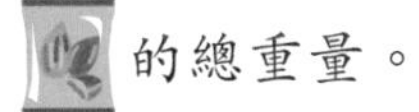

的總重量。

80. （答案只供參考）

$74 + 16 + 2 + 3 + 5 = 100$

$65 + 27 + 4 + 3 + 1 = 100$

$56 + 34 + 7 + 2 + 1 = 100$

81. ▲ 代表6，◆ 代表9。

大腦筆記

以單數直行來看，最下面的數字就是上面3個數連乘的結果；以雙數直行來看，最下面的數字就是上面3個數連加的結果。

82.

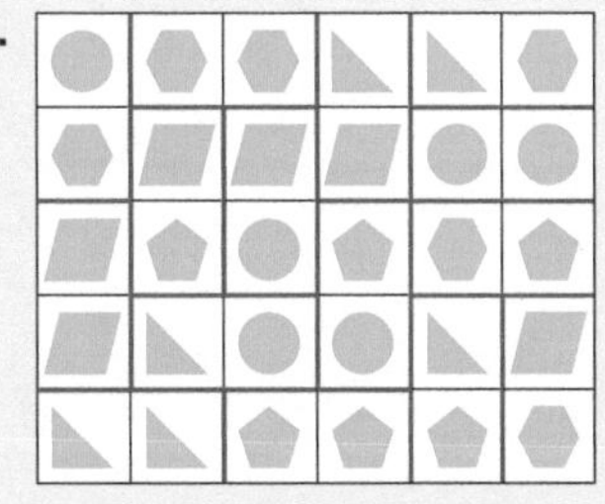

83. $7 \times 3 - 9 \div 2 + 4$

（算式依卡的次序運算）

84. $98 - 47 = 51$

85. $5 - 3 + 4 - 1 + 9 - 2 - 7 = 5$ / $5 + 6 - 9 + 1 + 4 - 2 = 5$

86. 18

大腦筆記

看看菱形組合「24」，得知「◇ + ◇ = 12」。

看看菱形組合「26」，並利用上面的結果，得知「◇ + ◇ = 14」，即 ◇ = 7，◇ = 5。

看看菱形組合「16」，並利用上面的結果，得知「◆ + ◆ + ◆ = 9」，即◆ = 3。

87. 從左邊移動1個圓柱體到右邊，同時從右邊移動1個正方體到左邊。

88. C

以每一橫行來看，假設最左兩個數字的積是X，最右兩個數字的積是Y。中間的數字就是X和Y的差。

89. 第一次秤：天平一端是6克砝碼和8克砝碼，便能秤出14克和76克茶葉。

第二次秤：天平一端是剛才秤出的14克茶葉和8克砝碼，便能從76克茶葉中秤去22克，即餘下54克茶葉。

90. A-K，B-H，C-J，D-F，E-I

根據正方形的着色格數，12組合配成一對。

91. 小豬出的第二張和第四張卡分別是×和－。小羊出的第三張卡是3。

92.

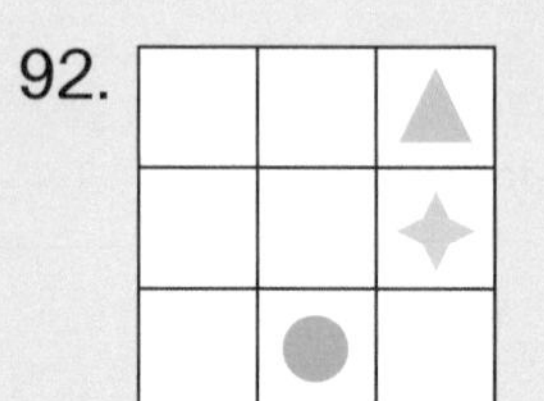

93. A代表3；B代表8；C代表5；D代表2；E代表7。

從「A + B + C = 16」和「C + D + B = 15」，得知A比D大1。

從「A + B + C = 16」和「A + D + C = 10」，得知B比D大6。

從「A + B + C = 16」和「B + A + D = 13」，得知C比D大3。

從「C + E + B = 20」和「C + D + B = 15」，得知E比D大5。

根據以上的結果，得知B是最大，所以B代表8。因為「B比D大6」，所以D代表2。因此，A代表3，C代表5，E代表7。

95.

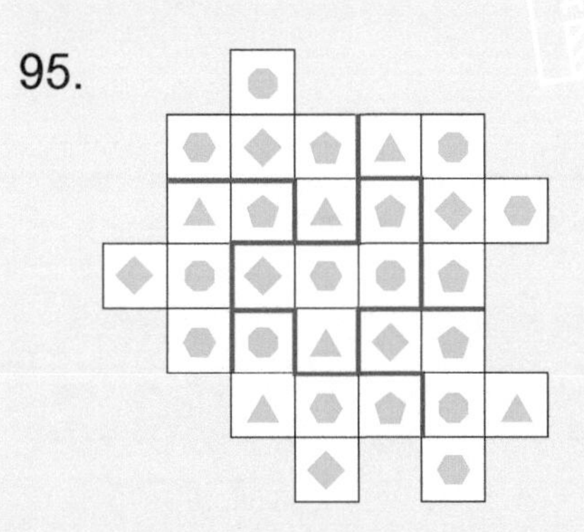

94. B

大腦筆記

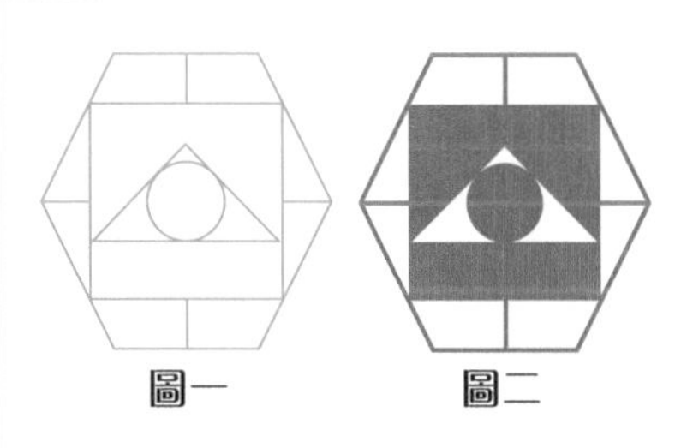

圖一　　　圖二

這幅圖原本是圖一，之後每次沿藍色線加畫一部分或把一部分塗橙色，變成新圖，直至最後一幅是圖二。

由圖一變成圖二的過程如下：

5	2
1	7
8	3
4	6

96. 22

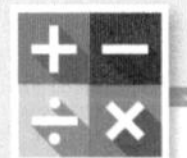

大腦筆記

看看第一道算式的個位，A + A + A = A，那麼A可能是0或5，由於「AAA」是三位數，所以A是5。555 + 5 + 5 = 565，所以B是6。

看看第二道算式的個位，C + 6 + C = C，只有4 + 6 + 4 = 14的個位都是4，所以C是4。464 + 6 + 4 = 474，所以D是7。

因此A + B + C + D 是5 + 6 + 4 + 7，等於22。

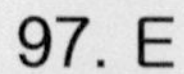

97. E

大腦筆記

便條紙中上邊每個圓點代表5，下邊每個圓點代表1。
8 → 7 → 4 → 6 → 10 → 9 → 6 → 8 → 12的規律是：
−1，−3，+2，+4。

看看百位，「🍎×4」沒有進位，🍎餘下可能是0或1，再看十位，「⚪×4 + 3」的尾位是🍎，🍎必定是單數，所以🍎是1。

看看十位，「⚪×4 + 3」的尾位是1，即「⚪×4」的尾位是8，⚪餘下只可以是7。

98. 🍊代表2，🍎代表1，⚪代表7，🍐代表8。

大腦筆記

可以改成「🍊🍎⚪🍐×4」來看。

先看千位，「🍊×4」沒有進位，可能是1或2，再看個位，「🍐×4」是雙數，所以🍊是2。

看看千位，「2 × 4」= 🍐，因🍐可能有進位，即可能是8或9，再看個位，「🍐×4」的尾位是2，所以🍐是8。

99.

大腦筆記

把圖以「時鐘」方式來看。

3:30	4:00	5:00
6:30	8:30	11:00
2:00	5:30	9:30

再沿Z行進，規律是：每個增加的時間比前一個多30分鐘，即先增加30分鐘，然後增加1小時，再增加1小時30分鐘，如此類推。

100. A與C同班，A參加合唱隊，C參加童軍隊；B與F同班，B參加足班隊，F參加棋藝隊；D與E同班，D參加籃球隊，E參加朗誦隊。

大腦筆記

根據資料，可直接得出下表的結果：

	籃	朗	棋	足	童	合
A	×					
B	×		×			
C	×	×	×	×		
D	✓	×	×	×	×	×
E	×				×	
F	×			×		

- 從①、③ 和 ⑥，得知D和E同班。
- 從③和⑤，得知C和F不同班；從②和④，得知C和B不同班，因此C只能和A同班。
- 進而得知B和F同班。

根據分班結果推斷：

- 從③，得知B參加足球隊。
- 從④，得知F參加棋藝隊。
- 從⑦，得知C和E不是參加合唱隊。

再根據上面3項的分析，得出下表的結果：

	籃	朗	棋	足	童	合
A	×		×	×		
B	×	×	×	✓	×	×
C	×	×	×	×		×
D	✓	×	×	×	×	×
E	×		×	×	×	×
F	×	×	✓	×	×	×

最後，得知C參加童軍隊，E參加朗誦隊，A參加合唱隊。

腦力遊戲棋

工具 剪刀、膠水、紙（每個參加者各有 1 張）

準備工作

1. 從封底的小摺頁把棋子和骰子的圖樣剪出來。
2. 沿虛線折疊圖樣，並在黏貼處塗膠水，製成棋子和骰子。
3. 沿第 123 和 125 頁的白色虛線剪開，並在黏貼處塗膠水，製成棋盤。

參加人數 最多 4 個

玩法

1. 每人選取一種顏色的棋子，放在起點，然後輪流擲骰子，擲出的點數決定棋子可移動的格數。

2. 當棋子停在橙色的一格，便選一個對手與你對決，鬥快完成「大腦啟動」的指定題目，並把答案寫在紙上。先完成而又答對題目的人可前進兩格，輸了的人則後退一格。

3. 當棋子停在綠色的一格，所有參加者一起對決，鬥快完成「大腦啟動」的指定題目，並把答案寫在紙上。最先完成而又答對題目的人可前進三格。

4. 最先抵達終點的人勝出。

備注：進行第二局遊戲時，可商議更改橙色和綠色格子上的題號，增加新鮮感。

起點

1

2
完成第 19 題

3
完成第 31 題

4

5

6

7
完成第 85 題

8
完成第 22 題

9

10

11

12
完成第 36 題

13

14

15
完成第 70 題

16
完成第 49 題

17

23 24 25
完成第 80 題
21
完成第 4 題
22
26
20
27
28
19
29
完成第 58 題
18
30
終點

適讀年齡：6 歲或以上

日本天才 動腦遊戲書

一套4冊

日本
正式授權
繁體中文版

超超超高難度燒腦遊戲書！啟動你的思考力、推理力、觀察力及專注力！

開發腦潛能

考驗偵探能力

尋找失物

迷宮遊戲

定價：$58/ 冊；$232/ 套（共 4 冊）

考考你！
請找出三個
不同的地方

答案就在
《超超超難找不同！
腦潛能開發》第 46 頁

超超
超難玩，
但超好玩！